数字化设计与3D打印项目式教程

主　编　周渝庆　唐华林　詹正阳
副主编　粟　波　张朝阳　易　亮
主　审　林　阳

U0234179

北京理工大学出版社
BEIJING INSTITUTE OF TECHNOLOGY PRESS

内 容 简 介

本书以典型工作任务为载体组织教学内容，突出"产教融合"，特色鲜明。本书主要内容包括吊钩正向设计与3D打印（FDM）、型腔零件的造型设计与3D打印（LCD）、底座的造型设计与3D打印（3DP）、三通管的数字化设计与3D打印（SLS）、叶轮的数字化设计与3D打印（SLA）、消声器侧盖逆向设计与3D打印（SLM）。本书注重课程思政内容与先进制造技术相融合、"岗课赛证"融通和信息化教学资源的应用。

本书可以作为高等院校、高职院校机械类、工业设计类等相关专业的教学用书，也可作为企业数字化设计工程师和3D打印岗位培训教材或自学用书。

图书在版编目（CIP）数据

数字化设计与3D打印项目式教程／周渝庆，唐华林，詹正阳主编. －－ 北京：北京理工大学出版社，2024.1

ISBN 978－7－5763－3634－4

Ⅰ.①数… Ⅱ.①周… ②唐… ③詹… Ⅲ.①产品设计－数字化－教材 ②立体印刷－印刷术－教材 Ⅳ.①TB472－39②TS853

中国国家版本馆 CIP 数据核字（2024）第 024868 号

责任编辑：赵　岩　　文案编辑：李海燕
责任校对：周瑞红　　责任印制：李志强

出版发行／北京理工大学出版社有限责任公司
社　　址／北京市丰台区四合庄路 6 号
邮　　编／100070
电　　话／（010）68914026（教材售后服务热线）
　　　　　　（010）63726648（课件资源服务热线）
网　　址／http://www.bitpress.com.cn
版 印 次／2024 年 1 月第 1 版第 1 次印刷
印　　刷／涿州市新华印刷有限公司
开　　本／787 mm×1092 mm　1/16
印　　张／14.5
字　　数／315 千字
定　　价／79.00 元

图书出现印装质量问题，请拨打售后服务热线，负责调换

前　言

习近平总书记在党的二十大报告中深刻指出："加快建设国家战略人才力量，努力培养造就更多大师、战略科学家、一流科技领军人才和创新团队、青年科技人才、卓越工程师、大国工匠、高技能人才。"为了深入贯彻落实二十大报告精神，编者根据二十大报告和《职业院校教材管理办法》《高等学校课程思政建设指导纲要》《"十四五"职业教育规划教材建设实施方案》等相关文件精神，在行业、企业专家和课程开发专家的指导下编写了本书。在编写过程中，编者紧紧围绕"培养什么人、怎样培养人、为谁培养人"的根本问题，以落实立德树人为根本任务，以培养学生综合职业能力为中心，以培养卓越工程师、大国工匠、高技能人才为目标。

本书根据教学的实施需求，从三维数字化设计工程师、3D打印工程师岗位及相关证书、产品数字化设计与3D打印相关技能大赛等提出的工作任务出发，以典型工作项目为引领，以正向设计和逆向设计工作流程为主线，并结合目前市场上常见的3D打印技术完成数字模型向实物模型的转变介绍。全书注重理论联系实践，充分体现"岗课赛证"，在重点培养数字化设计、3D打印能力的同时，融入创新设计的理念与意识，将工匠精神潜移默化地融入书中。

本书共6个项目，按照"工作任务""知识准备""任务实施""考核评价""自主学习"的流程进行。项目1是吊钩的正向建模，重点介绍NX正向建模和FDM 3D打印技术；项目2是型腔零件的正向建模，重点介绍NX正向建模和LCD 3D打印技术；项目3是底座的正向建模，重点介绍NX正向建模和3DP 3D打印技术；项目4是三通管的正向建模，重点介绍NX正向建模和SLS 3D打印技术；项目5是叶轮的逆向建模，重点介绍Geomagic Design X逆向建模和SLA 3D打印技术；项目6是消声器侧盖的逆向建模，重点介绍Geomagic Design X逆向建模和SLM 3D打印技术。

本书图文并茂、学做结合、易学易懂，在案例选择上由易到难，突出典型性与实用性，符合职业院校学生的学习特点，做到了实用精炼、便于教学。同时运用了"互联网+"技术，在书中每个项目嵌入二维码，学生使用手机扫描，便可观看相应的多媒体内容，方便学生理解知识准备，进行更深入的学习。本书由重庆工业职业技术学院教师编写，其中张朝阳编写项目1，易亮编写项目2，唐华林编写项目3，周渝庆编写项目4，栗波编写项目5，詹正阳编写项目6。全书由周渝庆统稿，由深圳市大匠增材科技有限公司林阳主审。

在编写本书过程中，编者参阅了国内外出版的有关教材和资料，在此对相关编著者一并表示衷心感谢！

由于编者水平有限，书中难免有不妥之处，恳请读者批评指正。

编　者

源文件

目　录

项目1 吊钩正向设计与 3D 打印（FDM）

项目导读

　　某公司要求根据图纸对吊钩进行正向建模并小批量生产，经研究决定利用 FDM 技术进行 3D 打印，以方便检验和测试。

吊钩正向设计与
3D 打印（FDM）

知识目标

1. 掌握 FDM 打印技术的工作原理及 FDM 工艺的优缺点。
2. 掌握 FDM 常用工艺材料。
3. 掌握 FDM 打印工艺及参数处理。
4. 掌握 FDM 打印技术后处理工艺。

能力目标

1. 能阅读任务单，制订吊钩正向设计方案。
2. 能应用 Unigraphics NX 软件绘制吊钩三维模型。
3. 能正确操作 FDM 打印切片软件及设备。
4. 能进行吊钩 FDM 打印的后处理。

素养目标

1. 树立正确的人生观、价值观，为实现制造强国中国梦而努力学习。
2. 养成科学严谨、一丝不苟、精益求精的工作作风。

1.1　工作任务

1.1.1　组建团队及任务分工

组建团队及任务分工如表 1 - 1 所示。

表 1 - 1　组建团队及任务分工

团队名称	团队成员	工作任务

1.1.2　发放任务单

任务单如表 1 - 2 所示。

表 1 - 2　任务单

产品名称	吊钩	编号		时间	4 天
序号	零件名称	规格	图形	数量/件	设计要求
1	吊钩		根据客户要求进行正向模型建模并进行 3D 打印	1	1. 模型准确，精度超差小于 0.3 mm； 2. 3D 打印
备注	请在指定时间内完成		完成日期		
生产部意见			日期		

1.2　知识准备

1.2.1　FDM 技术概念

FDM 的全称是 Fused Deposition Modeling，即熔融沉积成型制造工艺，又称熔丝沉积，是一种不依靠激光作为成型能源，而是将各种丝材（如工程塑料 ABS、PLA、聚碳酸酯等）加热熔化进而堆积成型的方法。

1.2.2　技术的历史简介

FDM 技术由美国学者 Scott Crump 在 1988 年提出。1990 年，美国 Stratasys 公司率

先推出了基于 FDM 技术的快速成型机，并很快发布了基于 FDM 的 Dimension 系列 3D 打印机。FDM 常见机型有 XYZ 直角坐标机型及并联臂机型，此外还有采用极坐标的舵机型等。图 1 - 1 所示为 XYZ 直角坐标机型；图 1 - 2 所示为并联臂机型。FDM 工艺成型样件如图 1 - 3 所示。

图 1 - 1　XYZ 直角坐标机型　　　　　　图 1 - 2　并联臂机型

图 1 - 3　FDM 工艺成型样件

1.2.3　FDM 技术成型原理

FDM 技术成型原理如图 1 - 4 所示，加热喷头在计算机的控制下，根据产品零件的截面信息，做 $X - Y$ 平面运动，热塑性丝状材料由供丝机构送至加热喷头，并在喷头中加热和熔化成半液态，然后被挤压出来，选择性地涂覆在成型用载台上，快速冷却，然后根据切片层厚，形成一层大约 0.05~0.4 mm 厚的薄片截面，一层截面成型完成后工作台下降一定高度，或喷头提高一层厚，再进行下一层的熔覆，好像一层层地"画出"截面，如此循环，最终形成三维产品零件。

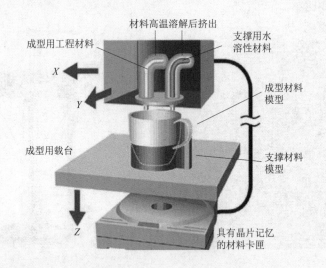

图 1-4　FDM 技术成型原理图

FDM 技术已趋成熟，FDM Insight 等分层软件自动将 3D 数模（由 CATIA、UG、Pro-E 等三维设计软件得到）分层，自动生成每层模型的成型路径和必要的支撑路径。材料的供给分为模型材料卷和支撑材料卷，相应的加热喷头也分为模型材料喷头和支撑材料喷头。加热温度喷头会把 PLA 材料加热至 200 ℃ 呈熔融状态后喷出，成型室保持在 70 ℃，该温度下熔融的 PLA 材料既具有一定的流动性又能保证很好的精度。

1.2.4　FDM 技术常用材料

FDM 技术常用的材料有多种，如工程塑料 ABS、PLA、聚碳酸酯（PC）、工程塑料 PPSF 及 ABS 与 PC 的混合料等。同时，还有专门开发的针对医用的材料 ABS-i。

1.2.5　FDM 技术应用范围

现在 FDM 技术主要用于新产品试制，制作概念模型，即结构复杂的装配原型件，或精度要求不高的创意产品。FDM 技术制造的模型可以用于装配验证、销售展示及个性产品的制作等。FDM 技术涵盖从课堂项目、基本概念验证模型到商用飞机上安装的轻量化管道等一系列应用。利用 FDM 技术可缩短交付周期并降低成本，能以更快的速度上市，带来更好的产品。所以，FDM 技术将会在设计、制造等行业大放异彩，发挥重要作用。FDM 的同义词和类似技术有熔融沉积成型、熔融纤维制造、塑胶喷印、纤维挤压、熔融纤维沉积、材料沉积等。

1.2.6 FDM 技术的优缺点

1. 优点

1）设备构造原理和操作简单，维护成本低，系统运行安全。
2）制造系统无毒气或化学物质污染，一次成型、易操作且不产生垃圾。
3）可选用多种材料，材料性能好，PLA 强度可以达到注塑零件的 1/3。
4）原材料利用率高，材料寿命长，以卷材形式提供，便于搬运和更换。
5）支撑去除简单，无须化学清洗，分离容易。
6）可以成型任意复杂程度的零件。

2. 缺点

1）成型精度较低，成型件的表面有较明显的层堆积纹理。
2）支撑结构制作时间长。
3）成型速度较慢。

1.2.7 影响 FDM 工艺的关键因素

1. 材料性能参数的影响

应用于 FDM 工艺的材料大多为 ABS 等聚合物，石蜡、尼龙、橡胶等热塑性材料丝，金属粉末、陶瓷粉末等单一粉末，以及热塑性材料的混合物。ABS 作为工程塑料的代表，适用于概念模型和耐高温、耐腐蚀零部件的成型；聚碳酸酯、高分子聚乙烯丙（涤）纶（PPF）等材料适合直接生产功能性零部件，具有较好的力学性能和较好的耐热性和稳定性。

2. 支撑材料的影响

在熔融沉积成型过程中，如果上层截面大于下层截面，多出的部分会由于没有材料的支撑出现悬浮现象，使截面发生部分变形或塌陷，最终影响成型件的成型精度，甚至使成型件不能完整地成型。如果没有支撑结构，在成型件完成后，必然会破坏成型件的底部结构。因此，支撑结构为成型件的后续加工起着至关重要的作用。支撑材料有两种类型，一种是打印完成后需要人为从零件表面剥离的支撑材料，称为剥离性支撑材料；另一种是水溶性支撑材料。水溶性支撑材料是一种分子中含有亲水基团的高分子材料，能在碱水中溶解或溶胀。为满足两个喷头的传热及配合成型材料的要求，支撑材料必须具有与成型材料相近的熔融温度。目前常用的支撑材料主要有 PVAL 聚乙希醇和 AA 丙烯酸类共聚物。

3. 喷头温度和环境温度的影响

喷头温度是指系统工作时喷头被加热的温度。喷头温度决定了成型材料的黏结性能、堆积性能、丝材流量及出丝宽度，即喷头温度直接影响产品最终的打印效果。喷头温度应在使挤出的丝材具有合适黏性系数的流体状态的范围内选择。

如果喷头温度太低，材料会变得更黏，使挤丝速度小于填充速度，造成喷嘴堵塞，甚至会出现后一层铺上之前，前一层已经过度冷却，两层间因无法很好黏结而分离的现象。相反，喷头温度太高，会使丝材温度过高、黏度变差、流动性过强，造成挤出过快，喷头挤出的丝呈水滴状，导致喷头不能准确控制出丝的直径，使打印的产品质量变差。喷头温度过高还会使前一层材料的冷却时间更长，在还没有足够冷却时后一层就被挤出，压到前一层上，造成前一层材料被压坏而无法定型。

环境温度是指系统工作时产品周围环境的温度，通常是指成型室的温度。环境温度会影响成型零件的热应力大小，影响产品的表面质量。

4. 扫描方式的影响

只有轮廓而无网格的扫描方式称为扫描横截面，既有轮廓又打印网格的扫描方式称为打网格。扫描方式不同，打印的产品内部结构不同，产品成型速度相差很大。

5. 速度参数的影响

在 FDM 加工系统中，速度参数主要包括送料速度、挤出速度和填充速度，参数之间相互作用、相互影响，并对制件的成型质量产生极大的影响。送料速度主要是指固态材料通过材料卡匣向加热器传送的速度，一般情况下材料卡匣主要由送料辊、电动机、螺杆等部件组成，在操作软件中可以通过调节电动机转速来控制送料速度。挤出速度是指熔融态材料从喷头挤出的速度。填充速度是指扫描截面的速度或打印网格的速度。

为了保证良好的打印效果，需要将送料速度、挤出速度和填充速度进行合理匹配，使得熔丝从喷头挤出的量与黏结的量相等。填充速度比挤出速度快，容易造成材料填充不足，出现断丝的现象，产品打印失败；相反，填充速度比挤出速度慢，出丝多于填充材料，熔丝堆积在喷头上，使打印截面材料分布不均匀，影响打印产品的质量。

6. 分层厚度的影响

分层厚度是指将三维数字模型进行切片后层与层之间的高度，也就是在堆积填充实体时每层的厚度。

使用 3D 打印技术制作带斜面或曲面的模型零件时，由于打印过程是将整体分层后打印，因此打印出的产品侧表面会呈现阶梯状，使表面粗糙度变大。分层数较多且分层厚度较小时，产品精度会较高，但需要加工的层数增多，成型时间也大幅度增加；相反，分层厚度较大时，产品表面会有明显的分层打印造成的表面不光滑，影响原型的表面质量和精度。因此制件表面粗糙度小、制件表面光滑为最优分层制作方向。方向优化后再根据制件的表面形状在一定的范围内（0.1～0.4 mm）进行自适应分层，调整分层厚度，这样既可以提高制件表面质量，又不会明显增加成型时间，有时甚至能缩短成型时间。

除以上参数外，需要设定的参数还有喷头直径、填充方式、网格间距、理想轮廓线的补偿量、偏置扫描中的偏置值、开启延迟时间、关闭延迟时间、成型材料、加密层及其参数设置、成型室吹热风的方式、空行程速度、制件相对于工作台面的成型角度、添加支撑等，这些参数都会影响制件表面质量和成型时间。以上参数中，只有挤出速度无法设置而是通过硬件保障的，其他参数均可以在软件中设置。

通常来说，小的补偿量、大的挤出速度、小的填充速度、小的分层厚度、小的开启延时和关闭延时可以得到表面质量与成型时间的最优化设计。

1.2.8 FDM 技术制造过程

FDM 技术制造过程包括设计三维 CAD 模型、三维 CAD 模型的近似处理、对 STI

文件进行分层处理、造型、后处理。

1) 设计三维 CAD 模型。设计人员根据需求运用设计软件制作出三维 CAD 模型。目前常用的设计软件有 Creo（Pro）/Engineering、SolidWorks、CATIA、AutoCAD、UG、Maya、3D MAX 等。

2) 三维 CAD 模型的近似处理。这一步主要是为了清除产品表面不规则的曲面。目前采用的文件是美国 3D Systems 公司开发的 STL 文件格式，是用一系列相连的小三平角面来通近曲面的，得到 STL 格式的三维近似模型文件。目前设计软件基本都具有这个功能。

3) 对 STL 文件进行分层处理。因为快速成型技术都是一层一层打印的，所以在打印前，需要把模型转化为一层一层的层片模型，每层的厚度在 0.05~0.4 mm。

4) 造型。FDM 技术制造模型的造型包括支撑制作和实体制作。

①支撑制作。在利用 FDM 技术制作模型的过程中，最重要的是支撑制作。一旦支撑没做好，制作的模型就会塌陷变形，影响模型的成型精度。同时，支撑制作的另一个重要的目的是建立基础层，即工作台与模型之间的缓冲层，基础层有利于原型剥离平台，同时还可以在制作过程中提供基准面。

②实体制作。在支撑做好后，就可以自下而上地层层叠加打印出模型。

5) 后处理。快速成型的后处理主要是对原型进行表面处理，即去除支撑部分。但是，原型部分复杂和细微结构的支撑很难去除，有时还会损坏模型。Stratasys 公司开发的水溶性支撑材料则可以很好地去除支撑部分。

1.2.9 FDM 技术的发展前景

FDM 技术作为 3D 打印成型技术中的一种，发展前景广泛。利用 FDM 技术制作模型简单、成本低廉的特点，企业可以节约成本。利用 FDM 技术制造概念模型，设计师不仅可以直接观看，发现设计的不足，还可以在同一天策划并测试新的想法。FDM 是迄今为止使用最广泛的 3D 打印技术之一，从消费级到工业级，以及介于两者之间的其他层面。FDM 使用生产级别热塑性塑料，打印的零件具有无与伦比的机械性、耐热性和化学强度。

1.2.10 FDM 3D 打印机介绍

1. 设备参数

以深圳七号科技有限公司生产设备 Magic Maker 机型为例，如图 1-5 所示。FDM 3D 打印机设备基本技术参数如下。

（1）打印规格

成型技术：FDM；

成型体积：底面直径 180 mm，高度 300 mm；

打印精度：0.05~0.4 mm；

定位精度：X、Y、Z 各为 0.05 mm；

耗材规格：1.75 mm PLA；

喷头直径：0.4 mm；

图 1－5　**Magic Maker** 机型示意图

耗材规格：1.75 mm PLA；
喷头直径：0.4 mm。

（2）物理规格
外包装：70 cm×32 cm×11 cm；
产品尺寸：32 cm×28 cm×70 cm；
产品质量：10 kg；
包装质量：12 kg。

（3）温度
工作温度：15～35 ℃；
存放温度：0～35 ℃。

（4）电气规格
电压：AC 100～240 V，50～60 Hz；
电流：DC 24 V，10 A。

（5）软件包
控制软件：CURA 15.02；
文件格式：STL、AMF、OBJJPG；
操作系统：Windows、MAC、OSX。

（6）打印速度

打印时：20～150 mm/s；

移动时：150 mm/s。

（7）机械结构

结构：铝合金及不锈钢构件；

外壳：亚克力板材；

成型用载台：3 mm 6 系铝合金成型用载台；

步进电机：1.8 步进角，1/16 细分；

导轨：工业级线性导轨。

2. 其他

耗材冷却风扇：用来冷却打印中的模型，风量可调节。

成型用载台：模型在成型用载台上成型，成型用载台具有加热功能，能防止模型在打印过程中变形。

耗材压紧螺母：挤出机上的一个配件，主要用于将耗材压紧到传动齿轮上，防止耗材打滑。

传动齿轮：传动齿轮用于将耗材推入喷头加热器中，以便挤出耗材纤维丝。

挤出机：用于把耗材送入喷头并挤出纤维丝。

挤出机风机：用于挤出机电机和挤出机总成散热，避免挤出机过热引起耗材堵塞。

PTFE 送丝管：一种塑料管，用于将耗材从耗材盘中导入挤出机。

GCODE 文件：一种计算机语言，用于描述 3D 模型的成型刀路。Magic Maker 3D 打印机会将模型转换成 GCODE 文件，然后传送到机器上。

散热器：用于给过热部件散热，看起来可能是炽片状的，高温时请不要触摸。

PLA 耗材：PLA 学名聚乳酸，是一种可再生的生物塑料，是模型打印成型的原材料。

控制软件：用于 3D 模型在转换成 GCODE 之前的编辑工作，也可以用于将转换后的 GOCDE 文件传送到 Magic Maker 3D 打印机上。

步进电机总成：由步进电机和驱动块散热风扇等组成，用于将耗材推进挤出机中。

喷头：通常口径是 0.4 mm，位于挤出机的底部，用于将耗材挤压成纤维丝并在成型用载台上构造模型。

电源：AC 电源，为 3D 打印机提供动力。

CURA 15.02：一个开源的 3D 模型切片软件，该软件允许操纵和编辑 STL 文件和 CODE 文件，并将数据传送给 3D 打印机。

SD 卡：数据卡，可以存储和读取数字数据，用于保存转换的 GCODE 数据。

耗材料架：用于放置耗材，以保证耗材安全地进入到挤出机内。

.STL 文件：广泛使用的一种 3D 模型的文件格式。

USB 电缆：用于将计算机与 3D 打印机连接，使用 USB 接口通信。

3. 常见故障分析与解决

常见故障分析与解决方法如表1－3所示。

表1－3 常见故障分析与解决方法

故障表现	原因分析	解决方法
电机发出异响	1. 挤出机堵丝； 2. 限位开关失灵，不能正确停止； 3. 驱动模块故障； 4. 电机线接触不良	1. 排除堵丝的原因； 2. 检查并修复限位开关； 3. 用替换法检查驱动并更换； 4. 检测电机连线
电机运转方向时正时反	驱动模块故障	更换驱动程序
屏幕 MINTEMP 报警	1. 温度传感器损坏，屏幕挤出头或成型用载台实际温度显示 0 ℃； 2. 环境温度过低，屏幕显示 5 ℃ 或 6 ℃	1. 检查并更换温度传感器； 2. 当喷头和成型用载台温度显示 6 ℃ 时，使用 PREHEAT 功能加热后重启机器。也可以使用电吹风加热一下喷头和成型用载台
屏幕 MAXTEMP 报警	1. 温度传感器损坏； 2. 加热电路损坏，持续加热	1. 检查并更换温度传感器； 2. 检查电路
打印模型时翘边	耗材冷却收缩造成	设置正确合理的成型用载台温度能有效解决此问题，也可以使用防翘边胶水帮助解决
成型用载台温度无法加热至100 ℃以上	使用散热效果好的板材做打印基板，如铝板等	如一定要使用铝板，可在铝板上贴胶带，阻止快速散热

4. 屏幕菜单及功能简介

开机后显示的信息界面如图1－6所示，具体功能描述如表1－4所示。

图1－6 开机后显示的信息界面

表1－4 开机后界面信息及功能描述

界面信息	功能描述
⌀182/182°	喷头当前温度/目标温度
▣ 60/60°	成型用载台当前温度/目标温度
X . Y 20 Z026.30	X 轴当前坐标，Y 轴当前坐标，Z 轴当前坐标
↱100% SD---% ⏱000:56	打印速度百分比，SD 卡打印完成度，已花费时间
Printing...	用于显示状态信息

单击"主菜单"按钮后显示界面如图1-7所示，具体功能描述如表1-5所示。

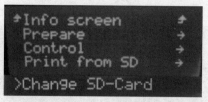

图1-7 主菜单界面

表1-5 主菜单界面信息及功能描述

Info screen	用于返回信息界面
Prepare	用于手动控制3D打印机，如预加热，回原点等
Control	用于调整3D打印机的设备参数，以校正机器状态
Print from SD/No card	当插入SD卡后，可以选择卡中的G文件开始打印
> Change SD - Card	更换储存卡

开始脱机打印后出现的菜单及功能描述如表1-6所示。

表1-6 脱机打印显示菜单界面信息及其功能描述

TUNE	用于在打印过程中实在控制打印机状态
PAUSE PRINT / RESUME PRINT	暂停打印或继续打印
STOP PRINT	用于结束脱机打印

TUNE 子菜单进入界面如图1-8所示。

图1-8 TUNE 子菜单进入界面

Main：返回主界面。

Speed：打印速度可以按比例改变整体的打印速度。

Nozzle：设置挤出机喷头的温度，如果G文件是基于PLA温度生成的，当使用ABS或其他耗材时，无须更改G文件或者重新生成G文件，直接修改此项就可以实时改变。

Bed：设置成型用载台的温度，如果G文件是基于PLA温度生成的，当使用ABS或其他耗材时，无须更改G文件或者重新生成G文件，直接修改此项就可以实时改变。

Fan speed：用以设置散热风扇的运转速度，可以实时变动。

Flow：挤出量设置，如果挤出量不足或过多，可以修改此项参数。

Change Fliment：打印中途更换耗材。

PREPARE 子菜单进入界面如图 1 – 9 所示，具体功能描述如表 1 – 7 所示。

图 1 – 9　PREPARE 子菜单进入界面

表 1 – 7　PREPARE 子菜单界面信息及功能描述

Main	返回上一层菜单
Disable Steppers	解锁电机（移动各轴电机后会锁死）
Auto Home	回原点
Preheat PLA	PLA 耗材预加热功能
Preheat ABS	ABS 耗材预加热功能
Cool Down	冷却，停止加热
Auto Leveling	自动调平功能
– Auto Leveling	运行自动调平
– Z Offset	修正自动调平
– Store Memory	保存参数
Change Filament	自动加载耗材功能
– Step1：Auto Home	回原点
– Preheat Filament（Eoor E1）	预热喷头
– Load EO（or E1）	加载耗材
– Unload EO（or E1）	卸载耗材
Move Axis	移动各轴（手动控制各移动）
– Prepare	返回上一层
– Move 10 MM	每次移动 10 mm
– Move 1 MM	每次移动 1 mm
– Move 0.1 MM	每次移动 0.1 mm
– Move X	移动 X 轴
– Move Y	移动 Y 轴
– Move Z	移动 Z 轴
– Move Extruder（Move Extruder2）	挤出机出丝（需要加热到指定温度才会动作）

CONTROL 子菜单进入界面如图 1 – 10 所示，具体功能描述如表 1 – 8 所示。

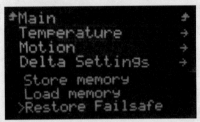

图 1 – 10　CONTROL 子菜单进入界面

表 1 - 8　CONTROL 子菜单界面信息及功能描述

Temperature	温度设定
– Preheat PLA CONF	PLA 耗材预加热功能设置
– Fan Speed	设置预加热时散热风扇速度
– Nozzle	设置预加热时喷头温度
– Bed	设置预加热时成型用载台温度
– Preheat ABS CONF	ABS 耗材预加热功能设置
子菜单设置内容与 Preheat PLA CONF 相同	
Motion	动作控制
Delta Settings	delta 3D 打印机专用设置项
– D_ Rod	设置连杆长度
– D_ Radius	设置机器有效半径
– D_ Segments	设置节点数，建议值200
– Endstop X	
– Endstop Y	限位开关微调
– Endstop Z	
Store memory	保存记忆（设置参数后要保存）
Load memory	加载保存的记忆
Restore failsafe	恢复出厂设置（不要随意使用）

注：此表中的功能涉及机器能否正常工作，不要随意调节。

实时信息解释如表 1 - 9 所示。

表 1 - 9　实时信息功能描述

实时信息	原因分析	解决方法
ERR：Mintemp	温度过低	检查温度传感器是否损坏
ERR：Maxtemp	温度过高	检查温度传感器是否损坏

5. 设备日常维护及维修

（1）如何更换耗材

1）重新装入耗材。

3D 打印机导丝通道中没有耗材，需要重新装入耗材时，首先根据耗材的正确工作温度对喷头进行预加热。然后将耗材穿过挤出机导线孔，穿过导丝管，再穿过 PTFE 送丝管，手动向下送丝直到喷头处有细纤维丝被挤出。

2）取出已安装的耗材。

当设备中已经安装好耗材时，取出耗材要格外注意，避免耗材卡死在导丝管中。取出的流程是，根据当前耗材的正确工作温度对喷头进行预加热，加热完成后，手动向下送丝直到喷头处有细纤维丝被挤出，此时快速抽出耗材即可。

不进行预热或预热后未先手动送丝直到挤出细纤维丝，而是直接抽出耗材的情况，极有可能导致耗材卡死在热端导管中。

3）高温耗材换成低温耗材。

当挤出机从需要高温工作的耗材（ABS 等）更换至低温工作的耗材（PLA 等）时，首先依据高温耗材所需的工作温度对喷头进行预加热，加热完成后按照"取出已安装耗材"的方法取出耗材并安装新的耗材。

注意：①安装好新的耗材后，请持续地手动送丝。②使用低温耗材将残余在喷头中的高温耗材完全挤出后再选择低温耗材的预加热。

（2）需要涂抹润滑油的地方

Magic Maker 3D 打印机使用更简单的机械结构，减少了日常维护工作，只需要对线轨、导轨加注流动性好的白油或液压油即可。

每 200 小时向线轨加注机械油一次，避免影响打印效果，保证线轨使用寿命，如图 1-11 所示。

（3）检查螺钉是否松动

Magic Maker 3D 打印机的核心活动件包含 12 枚螺钉，日常打印中的振动等情况会引起螺钉松动，导致 3D 打印机打印精度不高，甚至更严重的损坏。因此每 100 小时检查一下螺钉是否有松动情况，如图 1-12 所示。

图 1-11 需要涂抹润滑油的地方

图 1-12 需要检查螺钉松动的位置

（4）调整与更换调平传感器

图 1-13 中银白色圆柱即为调平传感器，日常使用中请保持传感器位置高于左侧喷头约 0.5 mm 以上，如图 1-13 所示。

图 1 – 13   传感器位置与喷头位置

1.3   任务实施

完成图 1 – 14 所示吊钩三维图线的绘制。

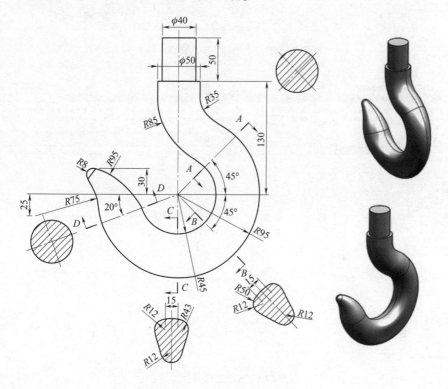

图 1 – 14   吊钩三维图纸

1.3.1   吊钩的制作

1）打开 NX 1899 软件，选择"新建"→"模型"命令，将文件名改为"吊钩

.prt"，如图 1 - 15 所示，单击"确定"按钮，进入 NX 工作界面，如图 1 - 16 所示。

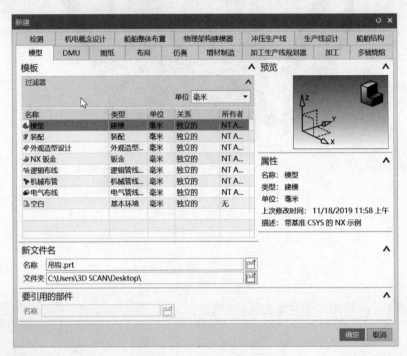

图 1 - 15　"新建"对话框

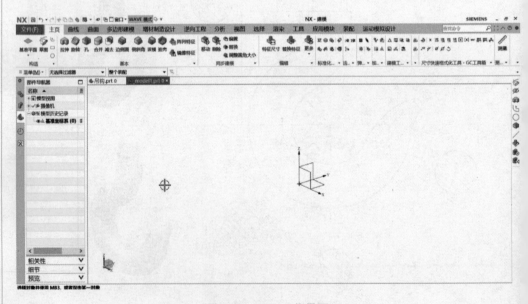

图 1 - 16　NX 工作界面

2）单击 草图 按钮，弹出"创建草图"对话框，选择"基于平面"命令，如图 1 - 17 所示，单击"确定"按钮，进入"草图"界面，如图 1 - 18 所示。

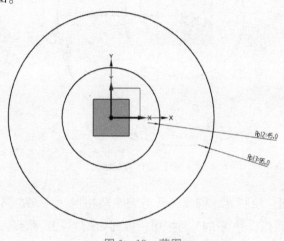

图 1-17 "创建草图"对话框   图 1-18 "草图"界面

3）单击 〇 按钮，绘制 R45（单位默认为 mm，后省略）、R95 的两个同心圆，得到图 1-19 所示草图。

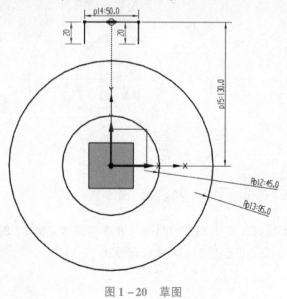

图 1-19 草图

4）单击 ╱ 按钮，画一条直线，通过约束使直线中点在 Y 轴，长度为 50，距离坐标原点 130，并绘制两条直线，如图 1-20 所示。

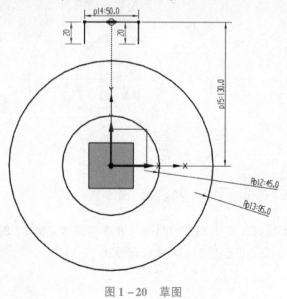

图 1-20 草图

5）单击 〔圆角 按钮，绘制 *R*35 和 *R*85 圆弧，得到如图 1-21 所示草图。

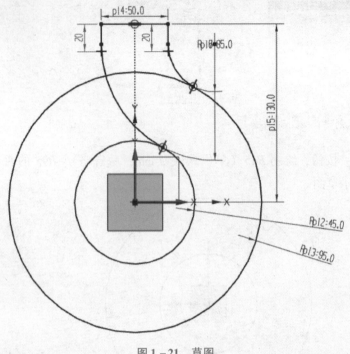

图 1-21　草图

6）单击 按钮，绘制 *R*75 圆弧，并与 *R*95 圆相切，且 *R*75 圆弧圆心到 *X* 轴的距离为 25；绘制 *R*95 圆弧，并与 *R*45 圆相切，得到如图 1-22 所示草图。

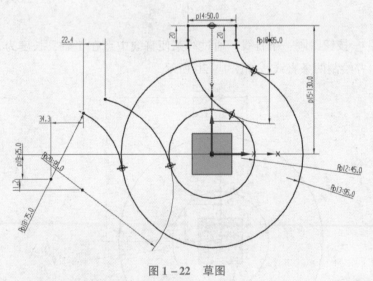

图 1-22　草图

7）单击 〔圆角 按钮，绘制 *R*75 的圆弧与 *R*95 的圆弧之间 *R*8 的圆角，并且约束切点距离 *X* 轴的距离为 30，得到如图 1-23 所示草图。

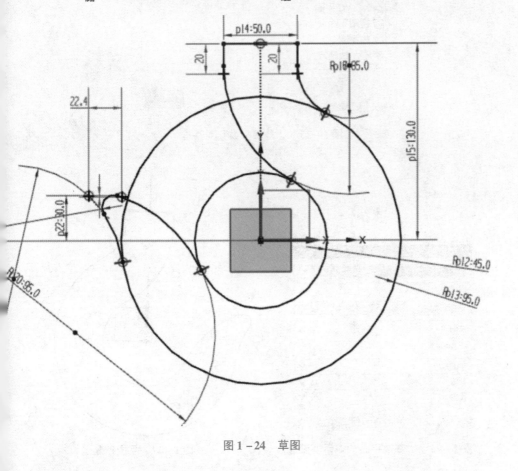

图 1 – 23　草图

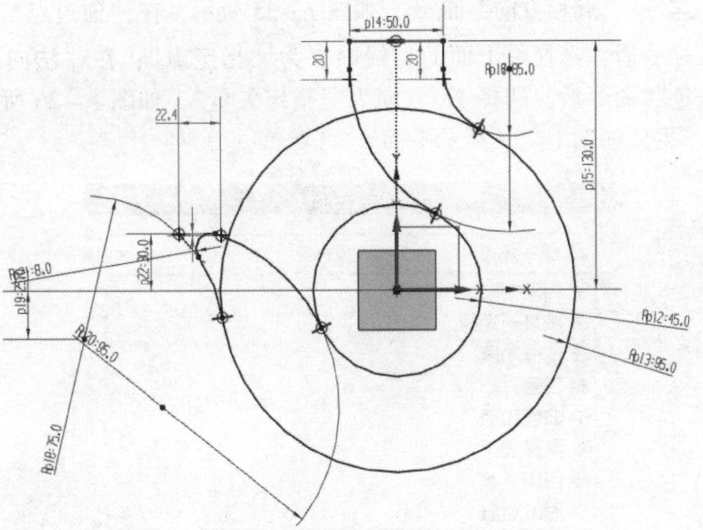

8）单击 ✕ 按钮，修剪多余尺寸，并单击 ▨ 按钮，得到如图 1 – 24 所示草图。

图 1 – 24　草图

9）选择 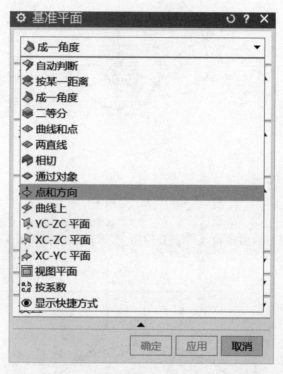→"点和方向"命令，如图1-25所示，在"通过点"选项区域中选择"指定点"命令后，选择最上面的直线中点为"指定点"；在"法向"选项区域中选择"指定矢量"命令后，选择 YC 方向为"指定矢量"，如图1-26所示，然后单击"确定"按钮，得到如图1-27所示平面。

图1-25 "基准平面"对话框

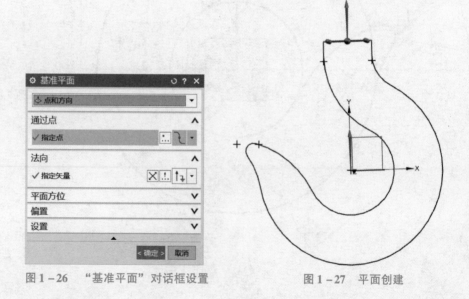

图1-26 "基准平面"对话框设置

图1-27 平面创建

10）单击 ✐ 按钮，并选择步骤9）所创建平面，绘制 φ50 截面，单击 ▨ 按钮得到如图 1-28 所示草图。

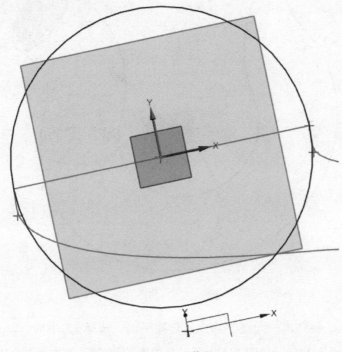

图 1-28　草图

11）选择 ◈ → "二等分" 命令，创建平面，选择 XZ 平面—YZ 平面，得到如图 1-29所示平面，单击 ✐ 按钮，绘制 φ50 截面，并通过单击 ◎ 按钮，单击点在线上 ▮ 按钮，得到如图 1-30 所示草图。

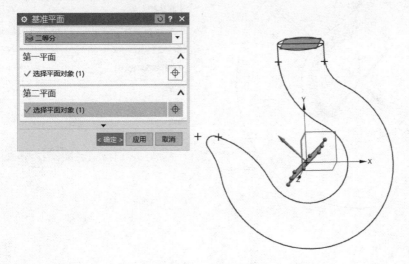

图 1-29　创建平面

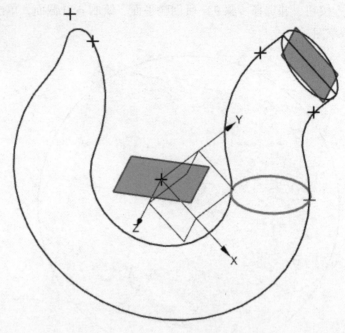

图 1-30　草图

12）选择 [基准平面] → "成一角度" 命令，创建平面，选择 YZ 平面，以 Z 轴为线性对象，"角度" 设置为 135°，如图 1-31 所示，单击 [草图] 按钮，首先绘制 φ100 的圆，通过约束使 φ100 与 R45 的圆弧相交，φ100 圆心与草图坐标原点对齐，如图 1-32 所示。

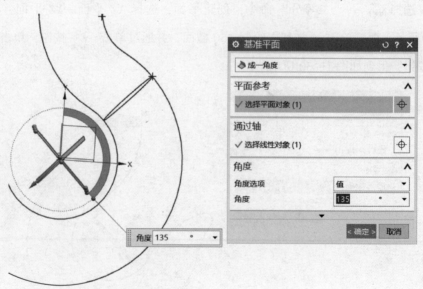

图 1-31　创建平面

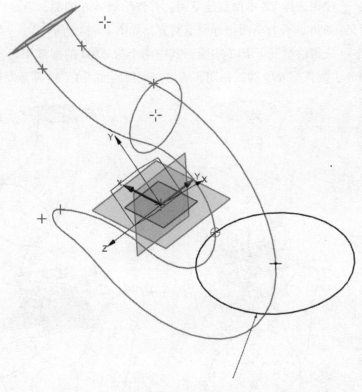

图 1-32　草图

13) 单击 ◯ 按钮，绘制三个 $R12$ 的圆，其中两个与 $\phi100$ 的圆弧相切，另一个圆心与草图原点对齐，圆弧与 $R95$ 圆弧相切，通过约束得到如图 1-33 所示草图。

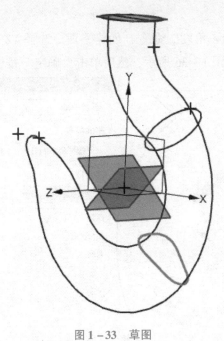

图 1-33　草图

14）单击 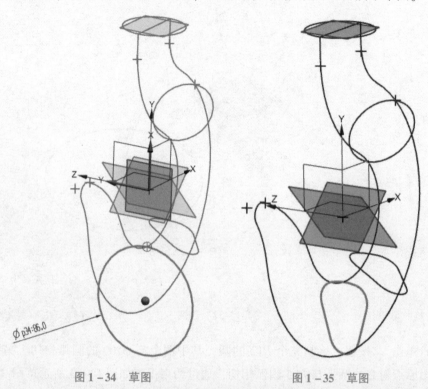 按钮选择 YZ 平面创建草图，首先绘制 φ86 的圆，通过约束使 φ86 与 R45 的圆弧相交，φ86 圆心与草图坐标原点对齐，如图 1－34 所示。

15）单击 ○ 按钮绘制三个 R12 的圆，其中两个与 φ100 的圆弧相切，另一个圆心与草图原点对齐，圆弧与 R95 圆弧相切，通过约束得到如图 1－35 所示草图。

图 1－34　草图　　　　　　　　图 1－35　草图

16）选择 基准平面 →"成一角度"命令，创建平面，选择 YZ 平面，以 Z 轴为线性对象，角度设置为 70°，如图 1－36 所示，然后单击"确定"按钮，完成平面创建。

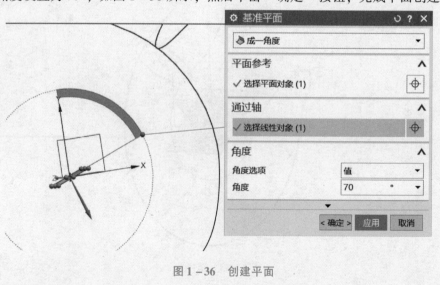

图 1－36　创建平面

17）单击 ✏️草图 按钮，选择步骤16）所创建平面，完成如图1-37所示草图绘制。

18）完成吊钩端边球体绘制，单击 ✏️草图 按钮，绘制如图1-38所示草图，选择 ◇基准平面 →"曲线和点"命令，创建平面，如图1-39所示。

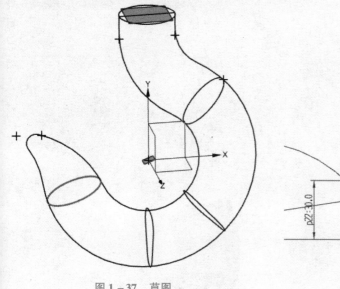

图1-37 草图

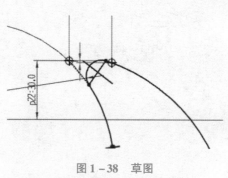

图1-38 草图

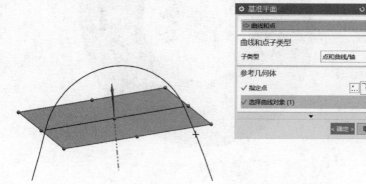

图1-39 创建平面

19）单击 ✏️草图 按钮，选择步骤18）所创建平面，完成如图1-40所示草图绘制。

20）单击 ◈扫掠 按钮，弹出"扫掠"对话框，选择"截面"→"选择曲线（2）"命令，选择"引导线"→"选择曲线（4）"命令，使箭头如图1-41所示，单击"确定"按钮，得到如图1-42所示的模型。

21）选择"插入"→"设计特征"→"球"命令，如图1-43所示，绘制球，得到如图1-44所示的模型。

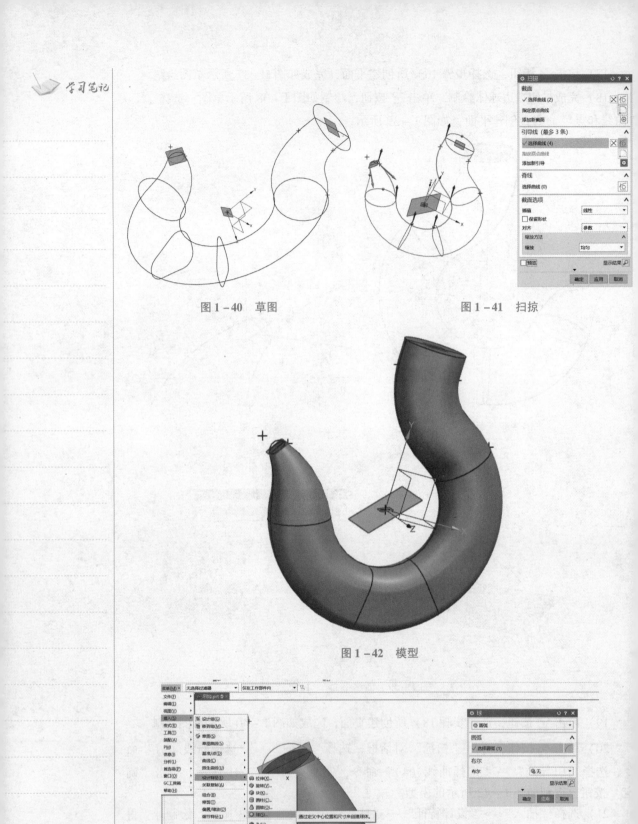

图1-40 草图

图1-41 扫掠

图1-42 模型

图1-43 选择"球"命令

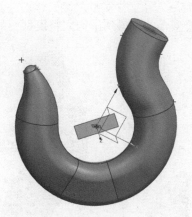

图1-44 模型

22）选择"插入"→"设计特征"→"圆柱"命令，如图1-45所示，弹出"圆柱"对话框。将"直径"设置为40 mm，"高度"设置为50 mm，如图1-46所示，单击"确定"按钮，得到如图1-47所示的模型。

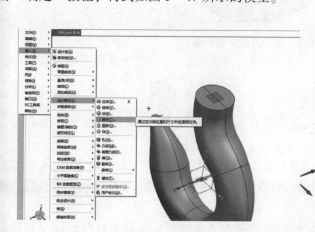

图1-45 选择"圆柱"命令

图1-46 "圆柱"对话框参数设置

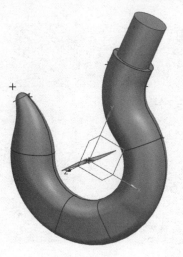

图1-47 模型

23）单击 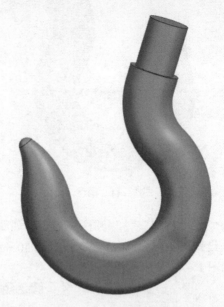 合并 按钮，对模型合并，得到吊钩完整模型，如图 1-48 所示。

图 1-48　吊钩完整模型

1.3.2　3D 打印及后处理

吊钩采用 FDM 原理 3D 打印机进行制作。下面介绍常用 3D 打印切片软件 Cura 3D 软件的应用。

Cura 是 Ultimaker 公司设计的 3D 打印软件，使用 Python 开发，集成 C++ 开发的 Cura Engine 作为切片引擎。具有切片速度快、切片稳定、对 3D 模型结构包容性强、设置参数少等诸多优点。

1）打开 Cura 软件主界面。双击软件快捷方式打开软件，打开打印数据（必须是 STL 格式的文件），Cura 软件主界面如图 1-49 所示。

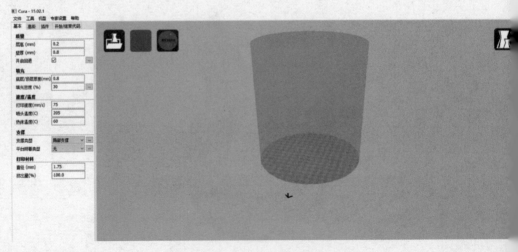

图 1-49　Cura 软件主界面

2）基本参数设置。基本参数设置时参考图1-50。

层高是指打印每层的高度，是决定侧面打印质量的重要参数，最大层高不得超过喷头直径的80%。默认参数是0.2 mm，可调范围在0.1～0.3 mm。

壁厚为模型侧面外壁的厚度，一般设置为喷头直径的整数倍。默认参数是0.8 mm，可根据需要调为1.2 mm。

填充密度是指模型内部的填充密度，默认参数为18%，可调范围在0%～100%。0%为全部空心，100%为全部实心，根据打印模型强度需要自行调整，一般为20%。

打印速度是指打印时喷头的移动速度，也就是送丝时运动的速度。默认速度在30.0 mm/s，可调范围在25.0～80.0 mm/s。建议打印复杂模型使用低速，简单模型使用高速，一般使用速度在80.0 mm/s以下，速度过大会引起送丝不足的问题。

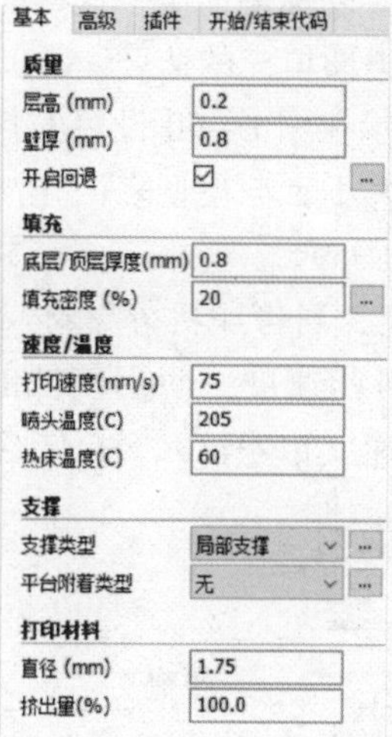

图 1-50　基本参数设置参考

喷头温度是指耗材熔化的温度，不同厂家的耗材熔化温度不同，默认的是215 ℃，可调范围在200～225 ℃。

支撑类型是指打印有悬空部分模型时可选择的支撑方式，默认为"无"。选择"局部支撑"为部分支撑后，系统默认需要支起来的悬空部分会自动建起支架提供给模型悬空部分打印平台。选择"全部支撑"命令后，模型所有悬空部分都将创建支撑。

平台附着类型是指用哪种方式将模型固定在工作台上，默认为"无"。"底层边线"是指在模型底层边缘处由内向外创建一个单层的宽边界，边界圈数可调。"底层网络"是指在模型底部和工作台之间建立一个网格形状的底盘，底盘厚度可调。"底层边线"附着方式较"底层网络"易于清除，打印一般选择"底层边线"附着。

打印材料直径根据材料及打印机设置，一般为1.75 mm，挤出量为100%。

3）高级参数设置。高级参数设置如图1-51所示。

喷嘴孔径，根据打印机型号设置，一般为0.4 mm。

回退速度是指单次回抽耗材的速度，默认为80 mm/s，可调范围在40～100 mm/s，一般用50 mm/s。

回退长度是指单次回抽耗材的长度，默认为5.0 mm，可调范围在2.5～5.0 mm。

初始层厚是指第一层的打印厚度，这个参数一般和"底层打印速度"关联使用，稍厚的厚度和稍慢的速度都可以让模型第一层更好地打印完，而且更好地粘贴在工作台上。默认为 0.25 mm。可调范围在 0~0.45 mm。

初始层线宽是指第一层打印额外的线宽将使得模型更好地黏在工作台，提高打印的成功率。默认为100%。

底层切除是指下沉模型，下沉进平台的部分不会被打印出来。当模型底部不平整或者太大时，可以使用这个参数，切除一部分模型再打印，默认值为0.0 mm。

两次挤出重叠是指添加一定的重叠挤出，使两个不同颜色的耗材融合得更好。

移动速度是指移动喷头时的速度，此移动速度指非打印状态下的移动速度，建议不要超过 150.0 mm/s，否则会造成电机丢步。

底层打印速度，这个值通常会设置得很低，这样能使底层和平台黏合得更好。

填充打印速度单指打印模型里面填充的速度。0.0 表示和图 1-50 设置的基本打印速度相同，默认值 40.0 mm/s 表示在图 1-50 设置的打印速度基础上再加上 40.0 mm/s 的速度，可大大缩短打印时间，并不影响模型表面光洁度。

顶/底部打印速度默认设置为 0.0。

外壁打印速度/内壁打印速度，当打印机外壁/内壁打印速度设置为 0.0 时，会用基本打印速度作为外壁/内壁打印速度，使用较低的打印速度可以提高模型打印质量，但是如果外壁和内壁的打印速度相差较大，可能会对打印质量有一些消极影响。

图 1-51　高级参数设置参考

4）选择"文件"→"打开模型"命令，载入吊钩模型，如图 1-52 所示。

5）模型修改。模型旋转如图 1-53 所示，模型缩放如图 1-54 所示，模型镜像如图 1-55 所示。如图 1-52 所示，吊钩模型过大超出打印机范围，需对吊钩模型进行缩放，得到如图 1-56 所示的模型。

6）自动切片。生成 GCODE 文件。模型设置完毕后，软件会进行自动切片，如图 1-57 所示，切片完成如图 1-58 所示。

7）保存 GCODE 文件。单击 按钮，如图 1-59 所示，在弹出的对话框中的"文件名"文本框中输入"diaogou"，单击"保存"按钮，完成保存。

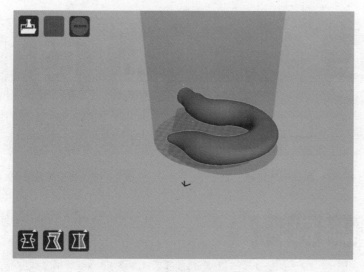

图1-52 吊钩模型载入

图1-53 模型旋转

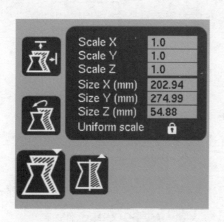

Scale X	1.0
Scale Y	1.0
Scale Z	1.0
Size X (mm)	202.94
Size Y (mm)	274.99
Size Z (mm)	54.88
Uniform scale	

图1-54 模型缩放

图1-55 模型镜像

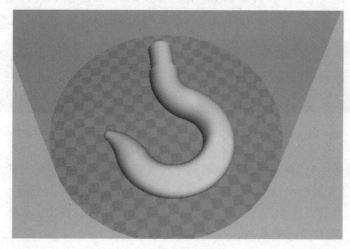

图1-56 模型

图1-57　正在切片过程

图1-58　切片完成界面

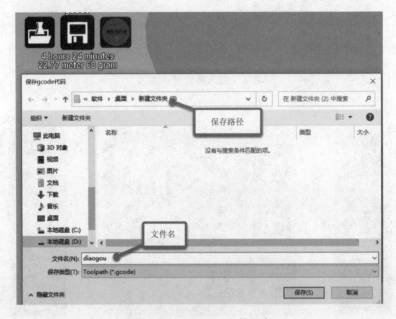

图1-59　GCODE文件保存

8）预热。打开主菜单，选择PREPARE命令，单击Preheat PLA按钮（PLA耗材预加热功能），如图1-60所示。打印机进行预加热，如图1-61所示。

图1-60　PLA耗材预热功能

图1-61　预加热

9）装入耗材。当3D打印机导丝通道中没有耗材，需要重新装入耗材时，首先根据耗材的熔化温度对喷头进行预加热，然后将耗材穿过挤出机导线孔，穿过导丝管，再穿过PTFE送丝管，手动向下送丝直到喷头处有细纤维丝被挤出，如图1-62所示。

10）预热、耗材装入完成后，打开主菜单，选择Print from SD命令，单击diaogou按钮进行打印，如图1-63所示。

图1-62 喷头处有细纤维丝

```
000.gcode
FS2.gcode
Dj.gcode
>diaogou.gcode
```

图1-63 diaogou 打印

11）打印完成，如图1-64所示。

图1-64 打印完成

12）吊钩模型后处理。

①去支撑。

逐层堆叠方式成型的3D打印技术在打印过程中需要保持模型平衡，因此为了保持平衡有些模型的打印是需要支撑结构的。打印完成后这些支撑结构需要去除。

一般情况下，支撑结构使用的材料与模型的材料是不同的，它采用的是容易去除的特殊材料，目前市场上比较容易去除的支撑材料有溶于水的凝胶状支撑材料、溶于碱性溶液的支撑材料和溶于酒精的支撑材料等。采用这些特殊材料作为支撑结构的3D打印模型，只要将其放入到水、碱性溶液或者酒精等特定溶液中支撑结构就可以自行脱除，但一般这些支撑材料要比模型的材料贵一些。

如果没有使用这些特殊材料作支撑，那就只能借助小刀、钳子等工具人工去除了，处理的时候要特别小心，以免损坏模型，模型毛边可以通过打磨、抛光等手段进一步处理。

②打磨。

一般来讲，需要打磨的模型是表面相对比较粗糙的。一般有两种情况，一种是有明显条状纹理的模型，这种模型比较好处理，只需将其磨平即可，而打磨工具的选择则根据条纹状的严重程度，如果条纹不明显可以选择砂纸打磨。另一种情况是表面有孔洞状纹理的模型，这种模型处理起来比较麻烦，可以用填补和去除方式处理，具体方法依据模型本身而定。

虽然 FDM 技术设备能够制造出高品质的零件，但是零件上逐层堆积的纹路也是肉眼可见的，这往往会影响用户的判断，尤其是当外观是零件的一个重要因素时，就更需要用砂纸打磨进行后处理。

砂纸打磨可以手工打磨或者使用砂带磨光机这类专业设备。砂纸打磨是一种廉价且行之有效的方法，一直是3D打印零部件后期打磨最常用、使用范围最广的技术。

砂纸打磨操作步骤如下。

a. 准备 FDM 打印件、各种型号的砂纸、小刷子等工具。

b. 先选用型号数小的砂纸打磨一遍，打磨时一般用拇指外的四指和手掌按住砂纸一面，拇指夹住砂纸另一面，顺着模型纹路打磨。

c. 打磨至模型的拐角和棱角处时要小心，动作要轻，以免使模型变形。

d. 由于砂纸的砂粒容易脱落，脱落下来的砂粒容易对模型造成损伤，因此需要用小刷子及时清理（也可用水），直到表面平整光滑为止。

e. 用型号数小的砂纸打磨过一遍后，再用型号数较大的砂纸打磨，直到获得满意的表面质感。成品展示如图 1-65 所示。

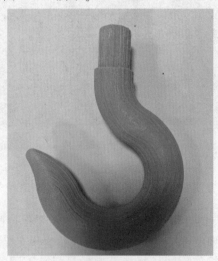

图 1-65　成品展示

考核评价

考核评价表如表 1 – 10 所示。

表 1 – 10 考核评价表

工作任务名称	吊钩模型正向设计与3D打印						
评价项目	考核内容	考核标准	配分	小组评分	教师评分	企业评分	总评
任务完成情况评定（80分）	任务分析	正确率为100%（5分） 正确率为80%（4分） 正确率为60%（3分） 正确率<60%（0分）	5分				
	建模	规范、熟练（10分） 规范、不熟练（5分） 不规范（0分）	10分				
	数据处理	参数设置正确（20分） 参数设置不正确（0分）	20分				
	打印成型	操作规范、熟练（10分） 操作规范、不熟练（5分） 操作不规范（0分）	30分				
		加工质量符合要求（20分） 加工质量不符合要求（0分）					
	后处理	处理方法合理（5分） 处理方法不合理（0分）	15分				
		操作规范、熟练（10分） 操作规范、不熟练（5分） 操作不规范（0分）					
职业素养（20分）	劳动保护	规范穿戴防护用品	每违反一次扣5分，扣完为止				
	纪律	不迟到、不早退、不旷课、不吃喝、不游戏					
	表现	积极、主动、互助、负责、有改进精神等					
	6S规范	符合6S管理要求					
总分							
学生签名		教师签名			日期		

自主学习

正向设计零件并应用 FDM 打印机打印如图 1 – 66 所示的零件。

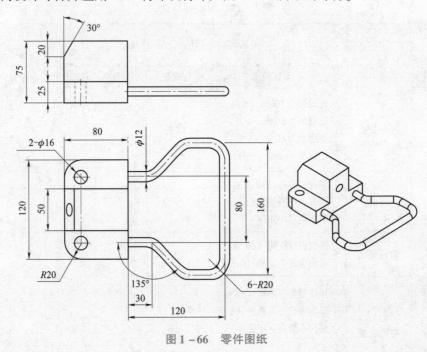

图 1 – 66　零件图纸

项目2　型腔零件的造型设计与3D打印（LCD）

项目导读

　　某公司设计出一个型腔零件，需制作样品进行展示，公司要求在当天制作出，并满足经济实惠、精度高的要求。型腔结构相对简单，经研究决定利用液晶显示（Liquid Crystal Display，LCD）技术进行3D打印。

型腔零件的造型设计
与3D打印（LCD）

知识目标

1. 熟悉NX软件操作方法。
2. 理解LCD打印技术原理及应用。

能力目标

1. 能阅读任务单，准确理解工作任务。
2. 能应用NX软件绘制型腔模型。
3. 能应用3D打印软件进行数据处理。
4. 能正确操作型腔LCD 3D打印设备并打印型腔模型。
5. 能进行LCD 3D打印产品后处理。

素养目标

1. 培养学生认真负责的工作态度、严谨细致的工作作风和开拓进取的创新精神。
2. 培养学生热爱劳动、尊重劳动的意识，精益求精的工匠精神和爱岗敬业的工作作风。

2.1 工作任务

2.1.1 组建团队及任务分工

组建团队及任务分工如表 2 – 1 所示。

表 2 – 1　组建团队及任务分工

团队名称	团队成员	工作任务
		任务分析
		建模
		数据处理
		打印成型
		后处理

2.1.2 发放任务单

任务单如表 2 – 2 所示。

表 2 – 2　任务单

产品名称	型腔零件	编号		时间	5 天
序号	零件名称	规格	图形	数量/件	设计要求
1	型腔零件		根据客户要求绘制三维图	1	1. 准确绘制三维模型； 2. 3D 打印
备注	请在指定时间内完成		完成日期		
生产部意见			日期		

2.2 知识准备

2.2.1 LCD 3D 打印发展及成型原理

3D 打印技术的面世是从光固化技术 SLA（激光扫描）立体光刻技术开始的，LCD 打印技术是在 DLP 数字光投影技术的基础上发展而来的，LCD 的核心技术在于每层图像由液晶成像控制，取代了 DLP 技术昂贵的光机系统。

LCD 技术根据光源波长可以分为两种，一种是 405 nm 的紫外光，另一种是 400 ~

500 nm 的可见光。可见光固化技术（visible light cure，VLC），完全放弃了以前所有光固化技术必须使用紫外光的条件，使用普通光（可见光，400~600 nm）就可以使树脂固化，实现打印。按原理区分就是光源再一次升级，用普通的 LCD 显示面板，不加任何改装或改背光，将可见光直接作为光源。当然，可见光固化不只局限于 LCD 屏幕，其可以扩展到任何显示器（等离子、CRT、背投、LED 阵列、OLED）和任何投影（DLP、3LCD、Simple LCD），以及其他任何显示技术（激光扫描成像、光纤阵列等）。

选择性激光烧结工艺是利用粉末状材料（主要包括塑料粉、蜡粉、金属粉、表面附有黏结剂的覆膜陶瓷粉、覆膜金属粉及覆膜砂等）在激光照射下烧结的原理，在计算机控制下按照界面轮廓信息进行有选择的烧结，层层堆积成型。SLS 技术使用的是粉状材料，从理论上讲，任何可熔的粉末都可以用来打印成型。

LCD 3D 打印机的原理是利用 UV 灯透过 LCD 屏，将对应的三维模型分层后得到的二维截面图形投影在液态光敏树脂底部，发生光聚合反应后形成三维实物制品的一个薄层，首层光固化完成后，成型平台向上移动一个层厚的距离（一般为 0.1 mm），完成一个薄层的打印。依次逐层打印，后一层黏附在前一层的基础上，直到完全打印出实物制品。成像原理图如图 2-1 所示。

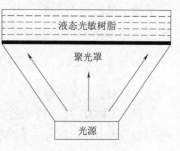

图 2-1　成像原理图

2.2.2　典型 LCD 设备与原料

1. 设备

LCD 3D 打印技术相较于其他种类的 3D 打印技术起步较晚，但其凭借成本低、开放性高的特点迅速流行。目前，国外的 LCD 3D 打印机制造商代表有 EOS GmbH Electro Optical Systems 公司、美国 Formlabs 公司等。国内同样出现了许多优秀的 LCD 3D 打印机生产商，如浙江闪铸科技有限公司、深圳市创想三维科技股份有限公司等。以创想三维 Halotmage Pro 型 LCD 3D 打印机为例，自研驱动算法使电机响应敏捷，速度高达 200 mm/s。利用 HALOT BOX 切片软件，可自动添加稳固支撑，防止模型脱落。10.3 英寸①单色屏使得成型尺寸达到 228 mm×128 mm×230 mm，分辨率为 7680×4320 的 8K LCD 屏使得成型精度高达 29.7 μm，相比常规 4K 光固化 3D 打印机的 50 μm，抗锯齿效果有明显提升。图 2-2 所示为创想三维 Halotmage Pro 型 LCD 3D 打印机。

图 2-2　创想三维 Halotmage Pro 型 LCD 3D 打印机

---

① 1 英寸=25.4 毫米。

2. 原料

LCD 3D 打印所用成型材料主要是光敏树脂材料和水凝胶材料。

光敏树脂即 UV 树脂，由聚合物单体与预聚体组成，其中加入光（紫外线）引发剂（或称光敏剂），在一定波长的紫外光照射下会立刻引起聚合反应，完成固化，光敏树脂一般为液态，可用于制作高强度、耐高温、防水材料。

水凝胶作为一种特殊的软材料，因其柔软、含水量高、生物相容性好等特性而备受关注。借助 3D 打印技术，可以加工出高精度、复杂的水凝胶部件，如支架、血管等。此外，水凝胶还可用作构建金属和其他材料结构的支架。美国加州理工大学 Julia R. Greer 等人提出了一种水凝胶灌注 3D 打印技术，即先通过 3D 打印技术打印出水凝胶结构，然后在水凝胶结构中填充金属前驱体，再经过焙烧、还原，最终得到三维金属结构。从打印水凝胶结构开始，可以在不同区域放入不同的金属盐，然后同时进行烧结，从而得获得多种金属材料结构。

2.2.3　LCD 工艺的优缺点

1. LCD 3D 打印的优点

1）LCD 3D 打印机的打印精度高。一般都采用 4K 级甚至是 8K 级分辨率的透光屏，可以很轻易达到 100 μm 的精度，在技术上要优于 SLA 技术。就目前情况来看，不比较工业级水准，在精度上只有 DLP 有和 LCD 对比的可能性。

2）造价便宜。LCD 属于开源技术，同时设备上的零部件整体要比 SLA 和 DLP 便宜得多，是目前性价比最高的光固化 3D 打印机。

3）上手难度低、维护简单。LCD 3D 打印机没有如 SLA 的激光振镜或 DLP 那样的投影模块，只需要有高分辨率的透光屏和 Z 轴模组就可以组装一台 LCD 3D 打印机。

4）耗材通用。LCD 采用的是 405 nm 的紫外光，和 DLP 技术一样，理论上两者所使用的耗材树脂基本都是可以兼容通用的。除了 SLA 专用的树脂耗材，目前使用 LCD 光固化 3D 打印机无须担心相应耗材难买的问题。

5）打印速度快。SLA 是点成型的，而 LCD 和 DLP 都是面成型的，即无论打印多少个物件，都是同时打印的。

2. LCD 3D 打印的缺点

1）LCD 的关键部件——透光屏选择性少。目前 LCD 的透光屏必须要对 405 nm 光源有很好的透光性，同时还需要经受数小时的高温烘烤。因此，在 LCD 3D 打印机所有部件中透光屏是更换最为频繁的零件。

2）LCD 整体的打印成型尺寸偏小，LCD 打印的成型尺寸大多在 192 mm × 120 mm 或 288 mm × 162 mm 之间，对比 FDM 或者工业级的光固化 3D 打印机来说，LCD 的整体成型尺寸偏小。

2.3 任务实施

完成如图 2-3 所示的型腔零件的三维模型绘制。

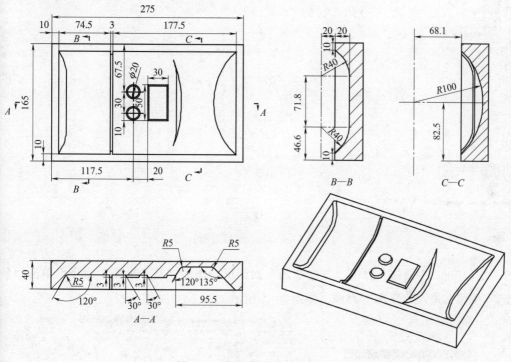

图 2-3 型腔零件的三维模型

2.3.1 型腔零件的制作

1）打开 NX 1899 软件，选择"新建"→"模型"命令，将文件名改为"型腔零件"，如图 2-4（a）所示，单击"确定"按钮，进入建模环境，如图 2-4（b）所示。

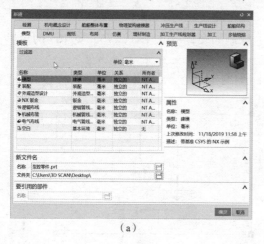

（a）

图 2-4 进入建模

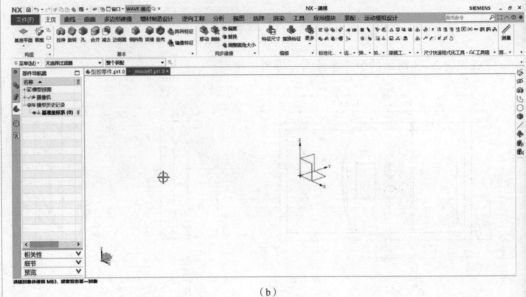

（b）

图2-4　进入建模（续）

2）单击 草图 按钮，弹出"创建草图"对话框，选择"基于平面"命令，单击"确定"按钮，进入"草图"界面，如图2-5所示。

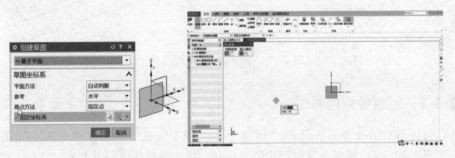

图2-5　进入"草图"界面

3）单击 矩形 按钮，绘制如图2-6所示长275、宽165的矩形。

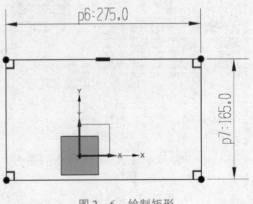

图2-6　绘制矩形

4）单击 按钮，弹出"几何约束"对话框，选择"中点约束"命令，分别选择坐标原点和长、坐标原点和宽，得到以坐标原点为中心的矩形，如图2-7所示。

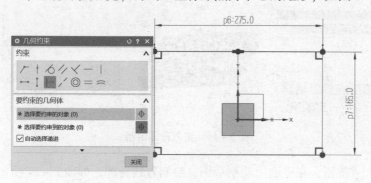

图2-7 设置中心

5）单击 按钮，退出草图绘制，如图2-8所示。

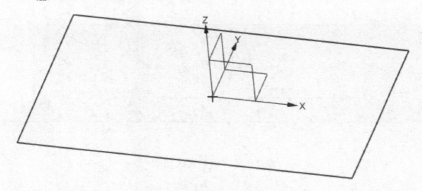

图2-8 退出草图绘制

6）单击 按钮，弹出"拉伸"对话框，在"截面"选项区域中选择"选择曲线4)"命令后，选择草图为曲线，开始"距离"设置为0 mm，结束"距离"设置为0 mm，单击"确定"按钮，生成如图2-9所示长方体。

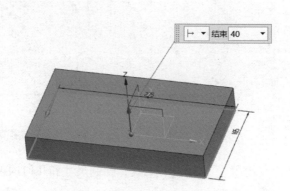

图2-9 生成长方体

7）单击  按钮，弹出"创建草图"对话框，选择长方体左端面为平面，进入草图绘制环境，如图 2-10 所示。

图 2-10 进入草图绘制

8）单击 按钮，在平面上绘制草图，绘制直线轮廓，如图 2-11 所示。

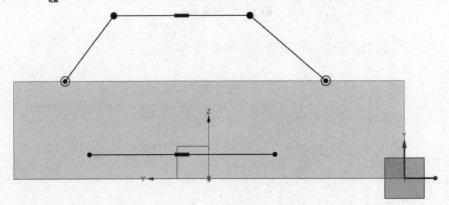

图 2-11 绘制直线轮廓

9）单击 按钮，选择三点圆弧，绘制三点圆弧，如图 2-12 所示。

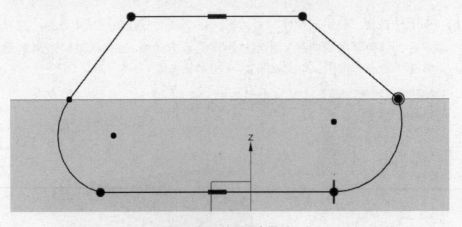

图 2-12 绘制三点圆弧

10）使用 和 工具，绘制尺寸和几何约束，如图 2-13 所示。

11）单击 按钮，弹出"拉伸"对话框，在"截面"选项卡区域选择"选择曲线（6）"命令后，选择图 2-13 中的草图，开始"距离"设置为 10 mm，结束"距

离"设置为265 mm,"布尔"下拉列表选择"减去"命令,单击"确定"按钮完成拉伸,切除中间区域,结果如图2-14所示。

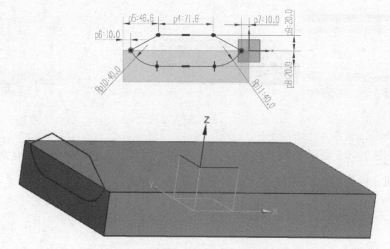

图2-13 绘制尺寸和几何约束

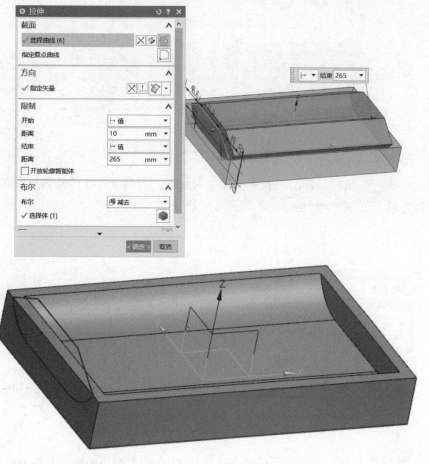

图2-14 切除中间区域

12）单击 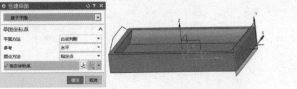 按钮，弹出"创建草图"对话框，选择长方体右端面为平面，进入草图，如图 2-15 所示。

图 2-15　进入草图

13）在图 2-15 所示平面上绘制草图，单击 [圆弧] 按钮，选择中心和端点定圆弧，单击 [快速尺寸] 按钮，设置其半径和位置，绘制中心圆弧，如图 2-16 所示。

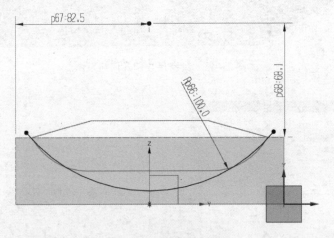

图 2-16　绘制中心圆弧

14）单击 [投影曲线] 按钮，弹出"投影曲线"对话框，将两个 R40 的圆弧投影在草图上生成投影曲线，如图 2-17 所示。

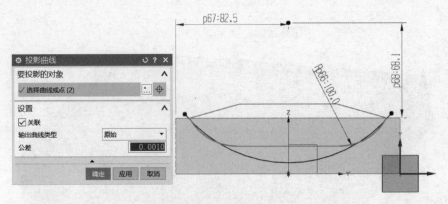

图 2-17　生成投影曲线

15）单击 ✕ 按钮，剪去多余的线条，保持 R100 圆弧两边的圆弧都是 R40，生成转廓曲线，如图 2 – 18 所示。

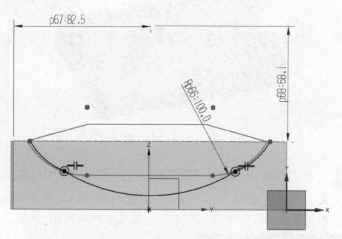

图 2 – 18 生成轮廓曲线

16）单击"确定"按钮，完成草图，如图 2 – 19 所示。

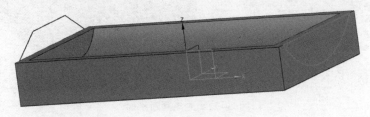

图 2 – 19 完成草图

17）单击 按钮，弹出"拉伸"对话框，在"截面"选项区域中选择"选择曲线（4）"命令后，选择图 2 – 19 中的草图，开始"距离"设置为 10 mm，结束"距离"设置为 95.5 mm，"布尔"下拉列表选择"减去"命令，单击"确定"按钮，完成拉伸，生成右面凹槽，结果如图 2 – 20 所示。

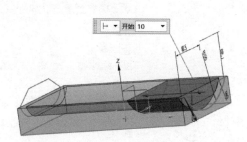

图 2 – 20 生成右面凹槽

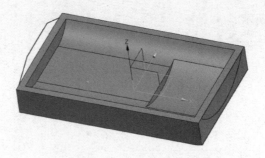

图 2-20 生成右面凹槽（续）

18）单击 基准平面 按钮，弹出"基准平面"对话框，单击型腔内左端面，选择"自动判断"命令，偏置"距离"设置为 74.5 mm，创建与型腔内左端面相距 74.5 mm 的基准平面 1，单击"确定"按钮，生成隔断平面，如图 2-21 所示。

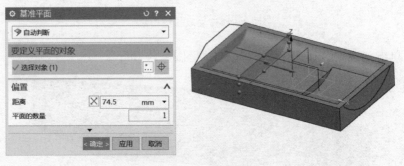

图 2-21 生成隔断平面

19）在基准平面 1 上，通过曲线投影及曲线偏置等方法绘制隔断草图，首先单击 投影曲线 按钮，在"要投影的对象"选项区域选择"单条曲线"命令，得到基本轮廓，生成投影曲线，如图 2-22 所示。

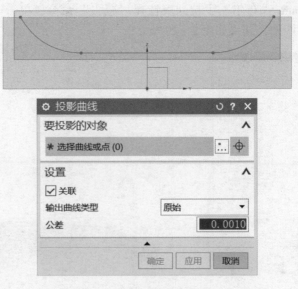

图 2-22 生成投影曲线

20）单击 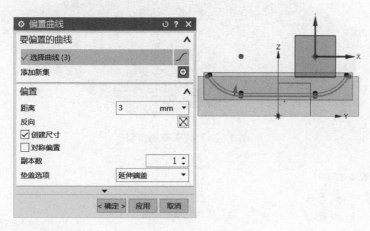 偏置 按钮，弹出"偏置曲线"对话框。偏置"距离"设置为 3 mm，单击"确定"按钮，生成偏置曲线，如图 2-23 所示。

图 2-23　生成偏置曲线

21）单击 $\diagup_{直线}$ 按钮，连接端点，如图 2-24 所示。

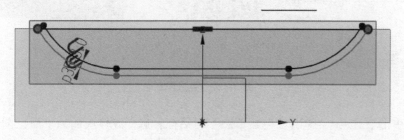

图 2-24　连接端点

22）单击 $\times_{修剪}$ 按钮，减去多余曲线，获得隔断草图，如图 2-25 所示。

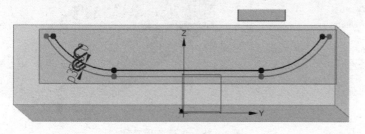

图 2-25　获得隔断草图

23）单击 按钮，完成草图绘制，如图 2-26 所示。

24）单击 按钮，弹出"拉伸"对话框，在"截面"选项区域选择"选择曲线8）"命令后，选择图 2-26 中的草图，开始"距离"设置为 0 mm，结束"距离"设置为 3 mm，"布尔"下拉列表选择"合并"命令，单击"确定"按钮，完成拉伸，生成隔断，如图 2-27 所示。

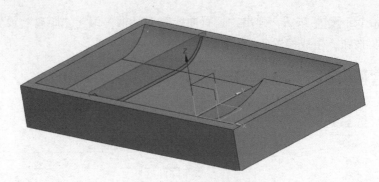

图 2 - 26　完成草图绘制

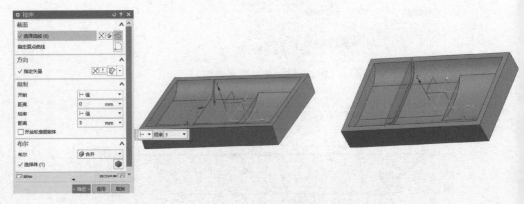

图 2 - 27　生成隔断

25）单击 ⬚草图 按钮，弹出"创建草图"对话框，选择腔体底面为平面，创建底面草图，如图 2 - 28 所示。

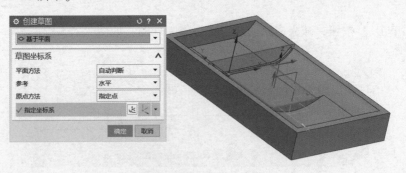

图 2 - 28　创建底面草图

26）单击 ○圆 按钮，设置圆直径为 20 mm，单击 ▢矩形 按钮，设置约束矩形长 50 mm，宽 30 mm，并单击 快速尺寸 按钮进行尺寸约束，单击 ▣ 按钮，完成底面草图，如图 2 - 29 所示。

27）单击 ⬡拉伸 按钮，弹出"拉伸"对话框，选择如图 2 - 29 中的矩形和圆为拉伸曲线，结束"距离"设置为 3 mm，"布尔"下拉列表选择"合并"命令，"拔模"下拉列表选择"从起始限制"命令，拔模"角度"设置为 30°，如图 2 - 30 所示。

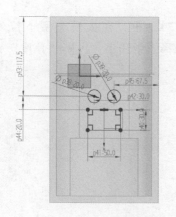

图 2-29　完成底面草图

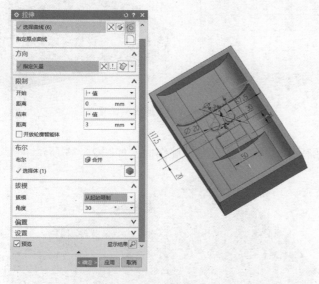

图 2-30　拉伸底面草图

28）单击"确定"按钮，完成拉伸，结果如图 2-31 所示。

图 2-31　完成拉伸

29）单击  拔模 按钮，弹出"拔模"对话框，在拔模类型下拉列表中选择"边"，"脱模方向"选择 Z 轴，"固定边"选择图中线条，拔模"角度"设置为30°，如图2 - 32所示。

图2 - 32　添加拔模命令

30）单击"确定"按钮，生成左型腔斜面，如图2 - 33所示。

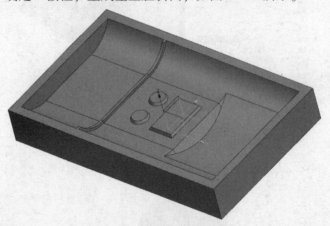

图2 - 33　生成左型腔斜面

31）单击 拔模 按钮，弹出"拔模"对话框，在拔模类型下拉列表中选择"边"，"脱模方向"选择 Z 轴，"固定边"选择图中线条，拔模"角度"设置为30°，如图2 - 34所示。

32）单击"确定"按钮，生成左侧面斜面，如图2 - 35所示。

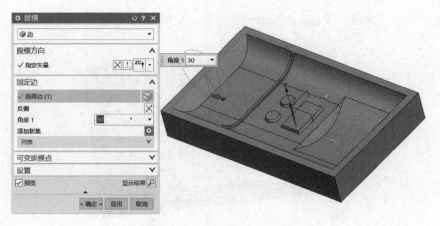

图 2 - 34　添加拔模命令

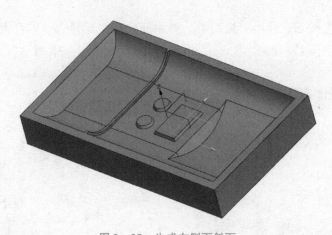

图 2 - 35　生成左侧面斜面

33）单击  拔模 按钮，弹出"拔模"对话框，在拔模类型下拉菜单中选择"边"，"脱模方向"选择 Z 轴，"固定边"选择图中线条，拔模"角度"设置为 45°，如图 2 - 36 所示。

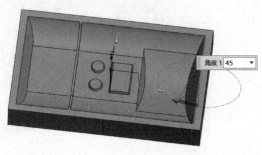

图 2 - 36　添加拔模命令

34）单击"确定"按钮，生成右侧面斜面，如图2-37所示。

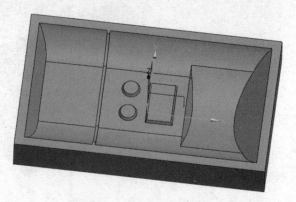

图2-37　生成右侧面斜面

35）单击 按钮，弹出"边倒圆"对话框，在"选择边（9）"选项栏中，选择图中三条边，"半径1"设置为5 mm，添加倒圆角，如图2-38所示。

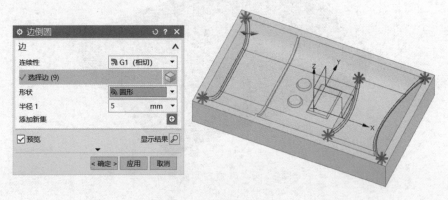

图2-38　添加倒圆角

36）单击"确定"按钮，生成倒圆角，如图2-39所示。

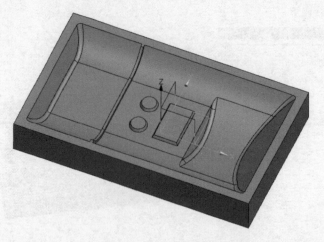

图2-39　生成倒圆角

37）选择"文件"→"STL 导出"命令，弹出"STL 导出"对话框，在"要导出的对象"选项区域中选择画好的零件作为导出对象，单击"确定"按钮导出 STL 格式文件，如图 2-40 所示。

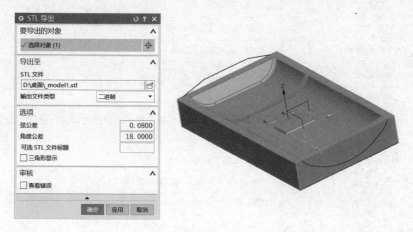

图 2-40　选择导出对象

38）选择保存路径，设置导出文件名为"型腔零件"，单击"OK"按钮保存导出对象，如图 2-41 所示。

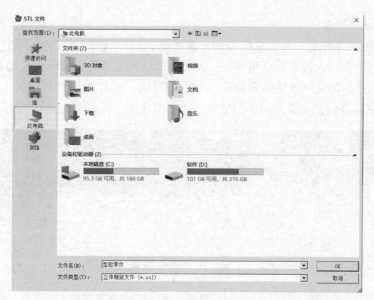

图 2-41　保存导出对象

2.3.2　3D 打印型腔零件

1. 设备准备

型腔零件的 3D 打印采用创想 CT - 005 Pro 设备进行打印。该设备的主要参数如表 2-3 所示。

表 2 - 3　创想 CT - 005 Pro 的基本参数

型号	CT - 005 Pro
语言	英文/中文
打印方式	U 盘/创想云在线打印
X、Y 分辨率	0. 05 mm/3840 × 2400
Z 轴精度	0. 01 ~ 0. 1 mm（即层厚）
打印速度	1 ~ 4 s/层
专用耗材	普通刚性光敏树脂、标准树脂、弹性树脂、高硬度、高韧性树脂、牙模树脂
光源配置	紫外线集成灯珠（波长 405 nm）
操作系统	Windows 7 以上系统、Mac 系统
额定功率	250 W
成型尺寸	192 mm × 120 mm × 250 mm（长 × 宽 × 高）
设备尺寸	542 mm × 300 mm × 636 mm
机器质量	26 kg
显示屏幕	5 英寸

2. 切片软件准备

　　HALOT BOX 是创想三维自主研发的一款光固化切片软件。它内置了创想云模型库并支持模型的搜索、收藏、分享和导入，也可对模型和支撑进行编辑、自动布局、抽壳打洞操作，切片后的文件支持本地保存、上传创想云、WiFi 发送到打印机，软件还支持14 种语言，未来还将拥有更多的实用功能，HALOT BOX 界面如图 2 - 42 所示。

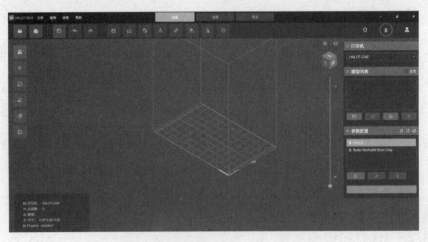

图 2 - 42　HALOT BOX 界面

3. 打开 HALOT BOX 软件主界面

　　双击软件快捷方式，打开软件，单击"打开" 按钮，打开 UG 导出的 STL 文件，导入后如图 2 - 43 所示。

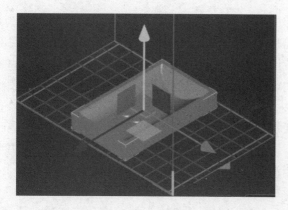

图 2 – 43 导入 STL 文件

4. 零件摆放

单击"移动"  按钮，进入如图 2 – 44 所示界面，通过单击图中坐标，可对模型进行移动。

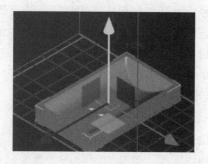

图 2 – 44 零件摆放

5. 参数配置

在"参数配置"选项框中，双击 Water Washable Resin Grey 按钮，进入编辑参数配置界面，如图 2 – 45 所示。

图 2 – 45 参数配置界面

层厚：每层打印的高度。可调范围 0.01 ~ 0.2 mm，默认参数为 0.05 mm。

底层部分：初始曝光的曝光时间通常 30 ~ 50 s，时间越长，底部黏附平台越牢固。底层需要比普通层使用更长的时间。因为树脂固化后黏附在平台上。当模型不黏打印平台时，建议增加初始曝光时间；模型底部黏附太紧，则减少初始曝光时间，具体数值根据实际情况调整。

打印曝光：普通层每层的曝光时间。曝光时间受耗材种类、层后温度等因素影响。不同耗材曝光时间不同，层厚则曝光时间减少，反之则增加。温度降低则曝光时间增加，反之则减少。当温度过低时，树脂将难以固化成型。

打印上升高度：每层打印完成后，Z 轴打印平台抬升的距离。上升高度不能设置过低，过低会导致成型的打印层不能和离形膜分离。打印较大模型时，建议上升高度设置在 8 mm 及以上，小模型在 6 mm 左右。

电机速度：打印时平台抬升的速度。一般设置为 1 ~ 3 mm/s，打印面积较大的模型时需降低抬升速度。如果抬升速度太大，会因为分离拉力过大，导致错层或是打印层断裂。

灭灯延时：打印平台下降到底部后，需要等待一段时间才能曝光，继续打印下一层。这种延时开灯过程所需的时间称为灭灯延时，建议设置在 1 ~ 5 s。打印较大模型时可以适当增加灭灯时间。增加灭灯延时有利于树脂回流、稳定页面、散发热量，提高打印成功率和打印质量。

底层曝光：底层曝光层数默认 4 ~ 6 层，底层曝光层数影响模型底部与平台的黏附性，层数越高，模型黏着性越高。

6. 添加支撑

在快速成型制造中，大多数零件都需要用到支撑。支撑的作用不仅仅是支撑零件，提供附加稳定性，也是为了防止零件变形。零件变形可能是由于热应力、喷头温度以及平台温度过热或者添加材料时刮板的横向扰动引起的，通过支撑结构，以最少的接触点完成热量传递，可以获得表面质量较好的零件，也方便零件的后处理。

单击"支撑"按钮，进入"支撑"界面，如图 2 - 46 所示。

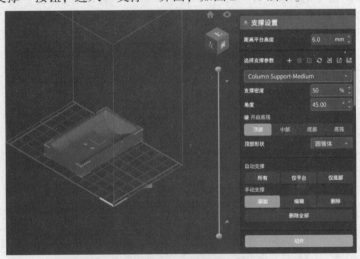

图 2 - 46　添加支撑

合理的支撑能减少耗材的损耗和增加模型打印的成功率。软件提供了三种支撑类型的快速选择，如图2-47所示，用户可以根据型号选择支撑类型，也可手动设置支撑参数。还有高级的支撑选项，提供支撑调整，也支持手动添加和删除方式供用户调整。耗材软件提供两种后台选择，一种是官方设定数值，这些数值是根据官方实测后确定的参数，无法对其更改。另一种是正常类型，用户可以自己设定参数。

图2-47　选择支撑参数

选择Column Support-Medium命令，支撑密度设置为50%，角度设置为45°，"自动支撑"选择"仅平台"命令，生成支撑，如图2-48所示。

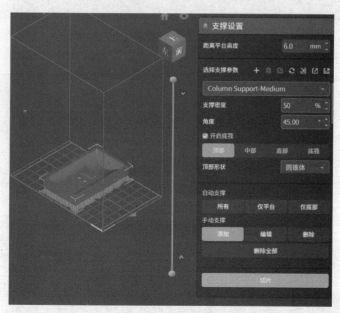

图2-48　设置支撑参数

7. 完成切片

单击"切片"按钮，进入切片设置界面，设置打印参数，如图2-49所示。

单击"保存"按钮，弹出如图2-50所示的"保存"对话框，选择保存位置，在"文件名"文本框中输入"型腔零件"，保存类型为 .cxdlp 文件，单击"保存"按钮，完成对切片文件的保存。

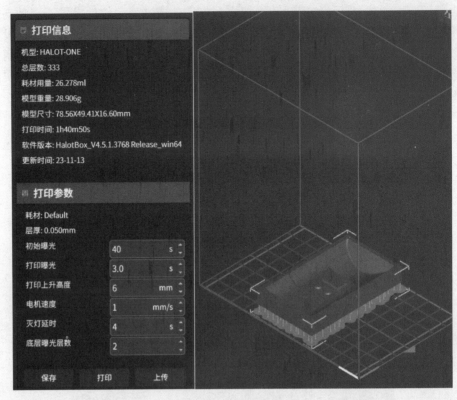

图 2-49　完成切片

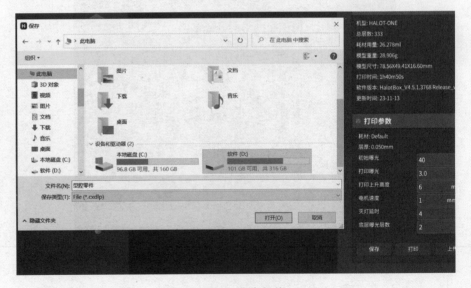

图 2-50　保存切片

8. 打印机准备

　　将保存的"型腔零件"文件存入 U 盘，插入 CT-005 中，单击"开始"按钮进行打印，或导入连接了打印机的 HALOT BOX 中，单击"打印"按钮进行打印，设置

同，打印时间也不同。

9. 型腔零件后处理

（1）去除支撑

1）型腔零件的支撑有外部的支撑和腔体内部对悬空部分的支撑。两部分支撑都是块状支撑，整体呈蜂窝状。去除支撑前先用酒精浸泡 3～5 min。外部支撑和部分内部支撑只需要用手轻轻掰掉即可去除。

2）处理支撑时要戴防护手套。内部悬空部分的支撑待清洗阶段用酒精边洗边去除。

（2）清洗

1）从快速成型设备上取下的产品表面附着有黏腻的光敏树脂，需要进行清洗，清洗剂一般使用95%的工业酒精。为了节约酒精和清洗彻底，一般清洗三遍，第一遍使用已多次使用过的酒精。

2）用刷子、清洁布等对型腔零件的外表面和腔体内部进行大致清洗，然后用小刮刀除去内部悬空部分的支撑。

3）去除所有支撑后，再次清洗。将表面的附着物大致清洗，再换较为干净的酒精进行二次清洗，并用小刮刀仔细地将内部悬空部分遗留的、较难去除的支撑进一步去除干净。

4）换干净的酒精进行第三次清洗。

5）清洗后用高压气枪冲刷干净。清洗剂可以循环使用，但一般不超过三次，清洗过程中要注意相关的防护措施，避免受到不必要的伤害。

（3）二次固化

为保证树脂固化完全，有时会使用紫外线进行二次固化。把清洗干净的型腔零件模型放入紫外灯箱，固化 30～40 min。

（4）打磨

固化完毕，进行最后的打磨即可完成。打磨分为机器打磨和手工打磨，首先用砂纸进行手工打磨，对内外表面进行修整，然后再用喷砂机打磨，修整手部不能触碰到的部分，最后对整个型腔零件进行磨光。

 考核评价

考核评价表如表2-4所示。

表2-4 考核评价表

工作任务名称	型腔零件数字化设计与3D打印						
评价项目	考核内容	考核标准	配分	小组评分	教师评分	企业评分	总评
任务完成情况评定（80分）	任务分析	正确率100%（5分） 正确率80%（4分） 正确率60%（3分） 正确率<60%（0分）	5分				
	建模	规范、熟练（10分） 规范、不熟练（5分） 不规范（0分）	10分				
	数据处理	参数设置正确（20分） 参数设置不正确（0分）	20分				
	打印成型	操作规范、熟练（10分） 操作规范、不熟练（5分） 操作不规范（0分）	30分				
		加工质量符合要求（20分） 加工质量不符合要求（0分）					
	后处理	处理方法合理（5分） 处理方法不合理（0分）	15分				
		操作规范、熟练（10分） 操作规范、不熟练（5分） 操作不规范（0分）					
职业素养（20分）	劳动保护	规范穿戴防护用品	每违反一次扣5分，扣完为止				
	纪律	不迟到、不早退、不旷课、不吃喝、不游戏					
	表现	积极、主动、互助、负责、有改进精神等					
	6S规范	符合6S管理要求					
总分							
学生签名		教师签名			日期		

数字化设计并采用 LCD 工艺打印支座，如图 2−51 所示。

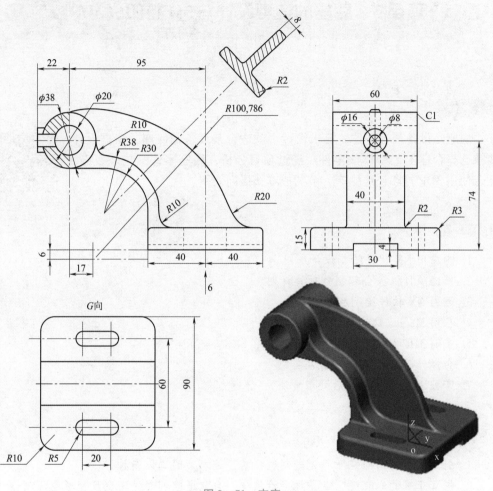

图 2−51　支座

项目3　底座的造型设计与3D打印（3DP）

项目导读

　　底座是设备基础零件，要求设计一款适合某设备的底座，根据设计要求选择合适工艺制作该零件。经过项目分析，底座零件结构较复杂，适合使用3DP打印快速生产，节约成本，提高效率。

底座的造型设计
与3D打印（3DP）

学习目标

1. 能应用NX软件绘制设计底座。
2. 根据项目任务合理制作项目计划。
3. 运用NX软件绘制底座模型。
4. 应用Magics软件处理打印数据。
5. 了解3DP技术原理。
6. 会操作3DP设备打印底座。
7. 掌握3DP打印产品后处理方法。

思政目标

1. 引导学生不断研究学习先进制造技术，追求大国工匠精神。
2. 树立正确的人生观、世界观、价值观，自觉遵守创新保密制度，尊重原创设计。
3. 在项目实施过程中具有安全意识、环保意识、质量意识。
4. 培养学生团队合作意识，能够与团队成员协作完成项目。

3.1 工作任务

3.1.1 组建团队及任务分工

组建团队及任务分工如表 3 – 1 所示。

表 3 – 1　组建团队及任务分工

团队名称	团队成员	工作任务

3.1.2 发放任务单

任务单如表 3 – 2 所示。

表 3 – 2　任务单

产品名称	底座	编号		时间	5 天
序号	零件名称	规格	图形	数量/件	设计要求
1	底座		根据客户要求绘制三维图	1	1. 准确绘制三维模型； 2.3DP 打印
备注	请在指定时间内完成	完成日期			
生产部意见		日期			

3.2 知识准备

3.2.1 3DP 打印技术

3DP 打印技术又称砂型打印技术，首先使用 CAD 软件设计出三维模型，然后将模型导入 3D 打印软件中进行切片处理。切片处理后，将数据传输到 3D 打印机中进行打印。在打印过程中，砂型材料被逐层堆积，形成与三维模型完全一致的砂型，然后通过铸造技术制作出样件。相比传统的铸造工艺，3DP 打印具有更高的制造精度和更快的生产速度。

底座样件主要用于安装测试，材料选择铝合金，样件制作工艺选择 3DP 打印工艺，通过 3DP 技术打印出底座砂型模具，浇注后得到底座样件。

随着 3D 打印技术的发展，3D 模型制作成本不断降低，制作精度进一步提高，在弥补传统工业制作水平不足的同时带动传统印刷产业的发展，3D 打印技术已在市场上形成不可阻挡的发展趋势。随着智能制造的进一步发展和成熟，新的信息技术、控制技术、材料技术等被广泛应用于制造领域，3D 打印技术呈现多样化发展，3DP 打印技术应运而生。3DP 打印机的产生，使得制造复杂形状的砂型变得简单且高效，如图 3-1 所示。3DP 打印技术是一种数字化的铸造方法，通过逐层堆积砂粒来制造砂型。这种技术不仅可以减少传统铸造方法产生的废料，还能节约时间成本，提高铸造效率和产品质量。

图 3-1　3DP 打印机

3DP 打印技术最初由美国学者发明，后来被广泛应用于航空、汽车、机械等领域的铸造生产中。随着技术的不断发展，3DP 打印机的性能和效率也不断提高，同时打印材料也得到了拓展，适用于不同材质的砂型制造。

3DP 工艺与 SLS 工艺类似，采用粉末材料成型，如陶瓷粉末、金属粉末。不同的是 3DP 工艺的材料粉末不是通过烧结连接起来的，而是通过打印头用黏结剂（如硅胶）将零件的截面"印刷"在材料粉末上面。用黏结剂黏结的零件强度较低，还需进行后处理。具体工艺过程如下：上一层粘结完毕后，成型缸下降一个距离（等于层厚 0.013~0.1 mm），供粉缸上升一定高度，推出若干粉末，并被铺粉辊推至成型缸，铺平并被压实。喷头在计算机控制下，依据下一组建造截面的成型数据，有选择地喷射黏结剂建造层面。铺粉辊铺粉时多余的粉末被集粉装置收集。如此周而复始地送粉、铺粉和喷射黏结剂，最终完成一个三维粉体的黏结。未被喷射黏结剂的地方为干粉，在成型过程中起支撑作用，且成型结束后比较容易去除。

3.2.2　3DP 技术的原理

3DP 打印技术原理如下：

1) 3DP 的供料方式与 SLS 一样，供料时将粉末通过水平压平铺于成型缸之上。
2) 将带有颜色的胶水通过加压的方式输送到打印头中存储。

3）接下来打印的过程跟 2D 的喷墨打印机一样，首先系统会根据三维模型的颜色将彩色的胶水进行混合并选择性地喷在粉末平面上，粉末遇胶水后会黏结为实体。

4）一层黏结完成后，打印平台下降，水平压棍再次将粉末铺平，然后再开始新一层的黏结，如此反复，层层打印，直至整个模型黏结完毕。

5）打印完成后，回收未黏结的粉末，吹净模型表面的粉末，再次将模型用透明胶水浸泡，此时就产生了一定的强度的模型，如图 3-2 所示。

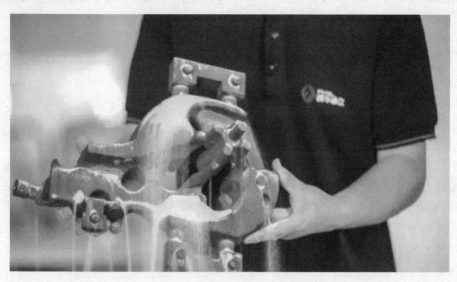

图 3-2　3DP 打印完成后取件

3.2.3　3DP 打印技术的优点

3DP 打印技术是一种基于三维打印原理的砂型铸造方法。相比传统砂型铸造，3DP 打印技术不需要模具，可直接打印砂型，能够节省时间和成本，提高铸造效率和质量。在 3DP 打印技术中，使用高强度砂型材料作为原材料，通过专业软件进行模型设计，并使用 3D 打印机将模型转化为砂型。该技术的优点如下。

1）不需要模具：3DP 打印技术最大的优点是无须使用模具进行铸造。这大大缩短了产品开发的周期，降低了成本。

2）提高铸造效率：由于无须使用模具，可以省去模具制作和维修的时间和成本。此外，3DP 打印技术可以实现批量生产，提高铸造效率。

3）提高产品质量：3DP 打印技术可以打印出复杂的几何形状和结构，避免了传统砂型铸造中可能出现的气孔、变形等问题，这有助于提高产品质量和性能。

4）降低废品率：由于 3DP 打印技术可以精确控制砂型的形状和尺寸，因此可以降低废品率，减少材料的浪费。

5）环保：3DP 打印技术使用的原材料主要是高强度砂型材料，对环境的影响较小。此外，该技术还可以实现循环利用和废料回收，进一步降低对环境的影响。

6）3DP 设备制造简单，无须激光器等高成本元器件，成本较低，且易于操作和维护。

总之，3DP 打印技术是一种具有很大潜力的新型铸造技术，它能够提高铸造效率和质量，降低成本和废品率，同时也有助于推动制造业的数字化转型和智能化升级。

3.2.4 3DP 打印技术前景

3DP 打印机已经实现了商业化应用，随着 3DP 打印技术的逐渐推广，以及 3DP 打印的显著优势，愈来愈多的用户采用 3DP 打印机打印砂型。随着技术的不断进步和市场需求的不断增加，3DP 打印技术的发展前景将十分广阔。

3DP 打印项目实施工艺流程包括以下步骤。

1）项目任务分配。接受项目任务后，根据项目组人员能力，布置项目任务，制定项目任务周期和检验标准。

2）设计和建模。首先需要创建所需零件的三维 CAD 模型。这个模型可以是一个数字化的雕塑或设计，用于描述最终产品的外观和形状。

3）3DP 打印工艺设计。3DP 打印工艺设计是整个工艺流程最重要的一个环节，不仅影响打印工艺，还影响后续铸造工艺和机加工工艺。3DP 打印工艺设计包括加工余量、缩放、浇注系统设计、支撑设计等。

4）3DP 数据处理。3DP 数据处理包括切片、运动轨迹计算。将零件的三维模型转换成一系列的层片，这个过程称为切片。它将原来的三维模型分解成一系列的二维截面或层片，每个层片都代表打印过程中材料需要形成的特定形状。运动轨迹计算是指根据每个层片的轮廓信息，计算打印头的运动轨迹。这个过程是必要的，因为它决定了打印头如何在平面上移动，以及何时喷射出材料。

5）3DP 打印及后处理。使用 3DP 打印机，根据计算出的运动轨迹，将材料一层一层地堆积起来，形成最终的三维实体。这个过程可能需要多次重复，直到整个物体被打印出来。打印完成后，需要进行后处理，以提高零件的物理性能和精度。这可能包括加热，以使材料进一步固化，或者进行额外的机械加工或打磨。

6）铸造工艺及后处理：将金属液浇注到打印好的砂型模具中，冷却后去除砂型和浇冒口等，经过后处理最终得到金属零件。

3DP 打印工艺流程图如图 3-3 所示。

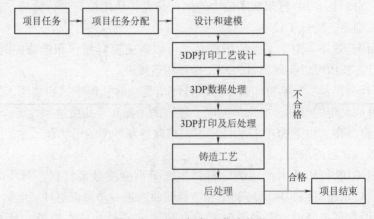

图 3-3 3DP 打印工艺流程图

3.3 任务实施

3.3.1 底座三维设计

完成如图3-4所示的底座样件的三维模型绘制。

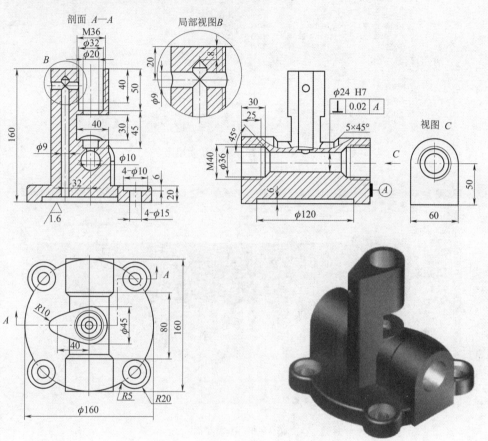

图3-4 底座样件的三维模型

底座模型设计步骤如下。

1) 双击 按钮，选择"新建"→"模型"命令。

在"新文件名"选项区域中将"名称"修改为"底座"，选择保存文件夹，如图3-5所示。

2) 进入建模模式。单击"确定"按钮后进入建模界面，如图3-6所示，在工具栏中单击 草图 按钮，弹出"创建草图"对话框，如图3-7所示，单击"确定"按钮进入"草图"界面。

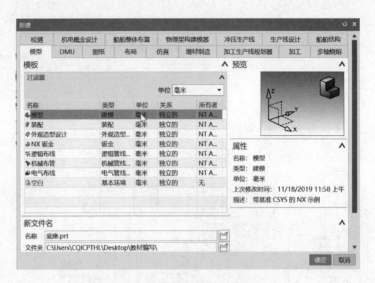

图 3-5　选择存储路径和模型命名

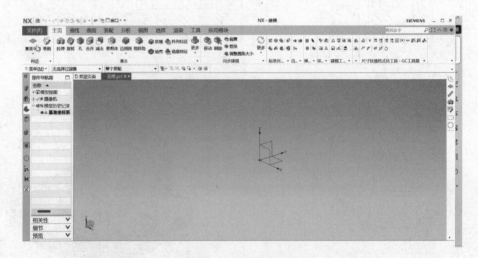

图 3-6　建模界面

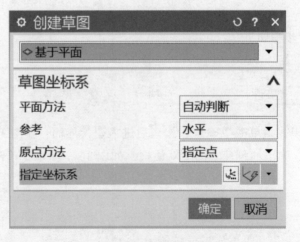

图 3-7　"创建草图"对话框

3）草图工具栏如图 3 - 8 所示，草图模式是在特定的平面上绘制线构造像素，即暂时中止实体模型而切换至线性构造的绘图模式。草图模式中所产生的线构造像素将以拉伸、旋转或扫掠的方式，构建出实体模型的特征。

图 3 - 8　草图工具栏

4）单击 ♀ 按钮，以坐标原点为圆心绘制圆，如图 3 - 9 所示。

5）绘制螺纹底孔和耳孔草图，如图 3 - 10 所示；用"阵列曲线"命令画出余下 3 个耳孔，如图 3 - 11 所示。

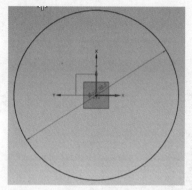

图 3 - 9　绘制图

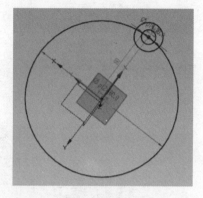

图 3 - 10　绘制螺纹底孔和耳孔草图

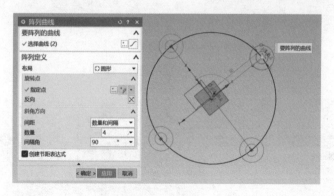

图 3 - 11　阵列 4 个耳孔草图

6）继续画底座减料圆草图、立柱孔和立柱端面轮廓曲线，如图 3 - 12 所示。

7）用作图法画出立柱轮廓曲线，如图 3 - 13 所示。

8）单击 ⬚ 按钮，画出矩形草图，单击 ⬚镜像 按钮，镜像另外一个矩形，如图 3 - 14 所示。

9）单击 ▨ 按钮，完成草图绘制。进入建模界面，单击 ⬛ 按钮，弹出"拉伸"对话框，如图 3 - 15 所示，选择拉伸曲线，指定矢量，输入限制参数，单击"确定"按钮。

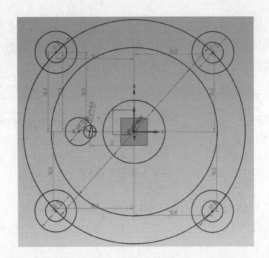

图 3 – 12 立柱孔和立柱端面轮廓曲线

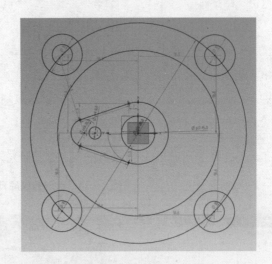

图 3 – 13 立柱轮廓曲线

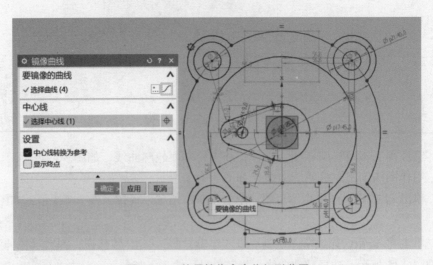

图 3 – 14 使用镜像命令作矩形草图

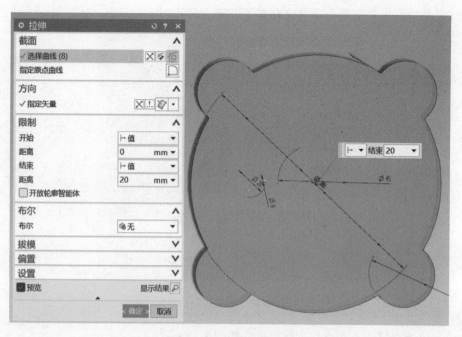

图 3 - 15 拉伸底座曲线

10）分别拉伸耳孔的台阶孔，与底座地板进行"减去"布尔运算，如图 3 - 16 所示。

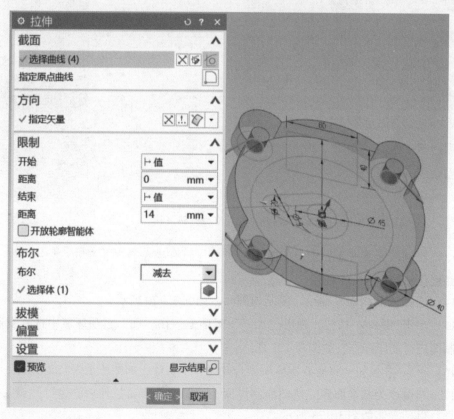

图 3 - 16 拉伸耳孔

11）拉伸底座矩形凸台，与已有实体进行"合并"布尔运算，如图 3 – 17 所示。

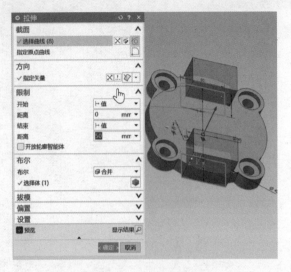

图 3 – 17　拉伸矩形凸台

12）拉伸立柱，并在立柱上钻盲孔，如图 3 – 18 所示。

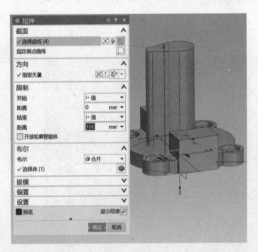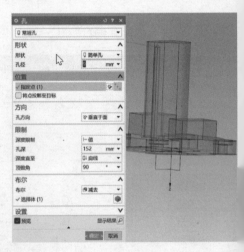

图 3 – 18　拉伸立柱并钻盲孔

13）以侧面为基准面，绘制草图，拉伸圆与原有模型合并，单击 倒斜角 按钮，绘制半圆并倒角，如图 3 – 19 所示。

14）选择"复制面"命令，复制内侧面，如图 3 – 20 所示。

15）单击 加厚 按钮，弹出"加厚"对话框，在"面"选项区域中选择复制面对复制面进行加厚操作，如图 3 – 21 所示。

16）单击 合并 按钮，将所有实体模型合并为一个实体，如图所示 3 – 22 所示。

17）以侧面为基准面建立草图绘制界面，绘制两个圆，拉伸后，进行"减去"布尔运算，得到实体如图 3 – 23 所示。

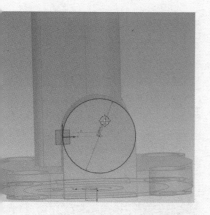

图 3 – 19　绘制半圆并倒角

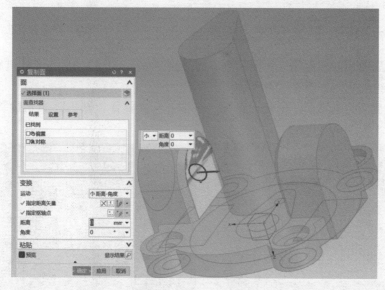

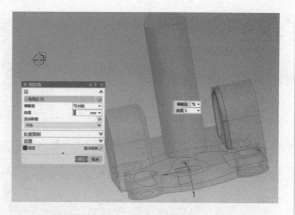
图 3 – 19　绘制
半圆并倒角

图 3 – 20　复制
内侧面

图 3 – 20　复制内侧面

图 3 – 21　复制面加厚

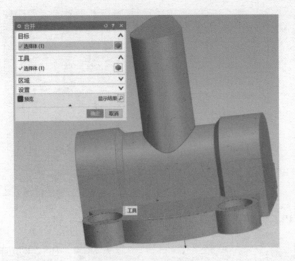

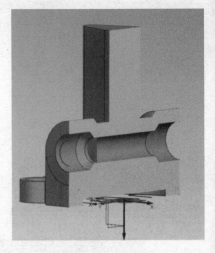

图3-22 合并实体

图3-23 台阶孔

18）以底面为基准面建立草图绘制界面，绘制草图圆，拉伸后与立柱进行"减去"布尔运算，得到实体如图3-24所示。

19）以侧面为基准面，作矩形草图，拉伸后与立柱作"减去"布尔运算，得到实体如图3-25所示。

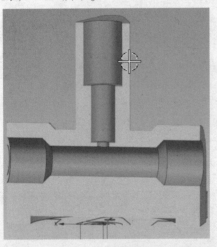

图3-24 立柱台阶孔

图3-25 立柱豁口

20）立柱端面作螺纹孔，如图3-26所示。

21）实体侧面两端作螺纹孔，如图3-27所示。

22）完善立柱小孔，以大侧面为基准面，作孔的草图圆，拉伸该圆后与立柱进行"减去"布尔运算，得到实体，如图3-28所示。

底座设计完成、经检验合格后，输出3D文件备份。

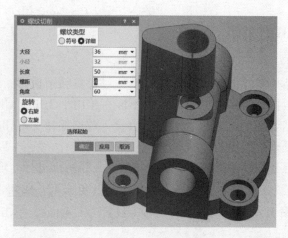

图 3 - 26　立柱端面螺纹孔

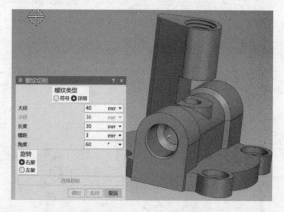

图 3 - 27　两侧面螺纹孔

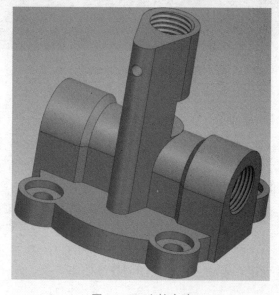

图 3 - 28　立柱小孔

3.3.2 底座3DP打印

1. 零件数据处理

3DP打印的产品是零件的模具，后续还要通过模具铸造成形，得到毛坯零件。设计得到的底座三维数据是零件图，三维数据不能直接用于3DP打印，需要对三维数据进行处理，三维数据处理主要包括添加加工余量、数据缩放、打印工艺支撑、添加浇注系统、砂模分型处理、数据切片处理等。

结合底座的三维数据和后续加工工艺要求，对三维数据进行处理。

1）去除底座螺纹特征，对该孔加上加工余量。单击 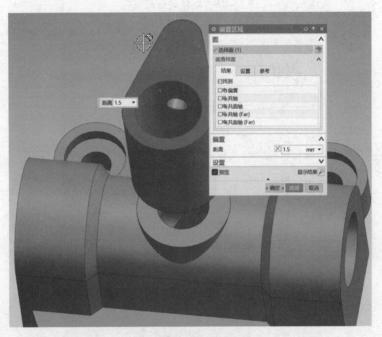偏置 按钮，弹出"偏置区域"对话框，如图3-29所示，将"距离"设置为1.5 mm，单击"确定"按钮，使孔的半径缩小1.5 mm。

图3-29 留螺纹孔余量

2）用同样的方法去除两侧螺纹孔，同时加上加工余量，得到实体如图3-3所示。

3）由于底面有直径为9 mm，长146 mm的深孔，长径比超过16:1，铸造工艺很难实现，因此只能将小孔堵上，依靠后续加工实现，如图3-31所示。

4）由于在打印和铸造过程中，底座零件会产生变形，尺寸会变小，因此在打印前需要对数据进行缩放，根据浇注金属液不同，缩放比例不同。底座材料为铝合金，根据铝合金的特点，对三维数据进行缩放处理。选择"菜单"→"插入"→"偏置/缩放"→"缩放体"命令，弹出"缩放体"对话框，如图3-32所示，将"比例因子"设置为1.01，单击"确定"按钮，完成底座缩放体处理。

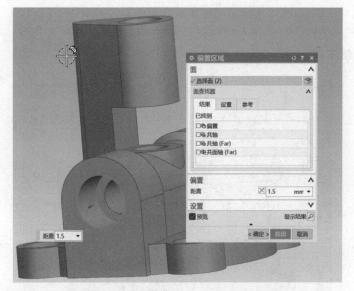

图 3 – 30　去除两侧螺纹孔并加上加工余量

图 3 – 31　堵孔前后对比

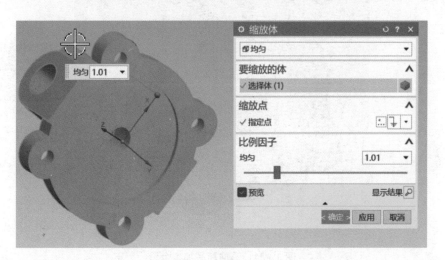

图 3 – 32　底座缩放体处理

2. 底座毛坯工艺设计（包含毛坯的浇注系统和砂型设计）

1）分析产品结构。分析进水口位置、冒口补缩位置、出气孔位置，毛坯的浇注方式：底注式或顶注式，如图3－33所示。

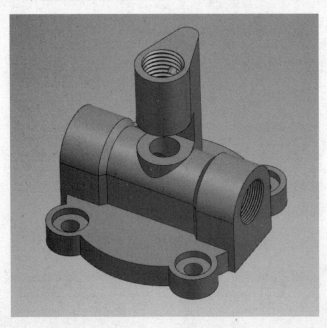

图3－33 分析产品结构

2）添加产品加工余量。对于需要加工的位置，预留足够的加工余量，加工余量根据产品大小而定，一般小产品预留2~3 mm加工余量，此底座毛坯选择预留3 mm的加工余量，图3－34绿色位置表示加工余量。

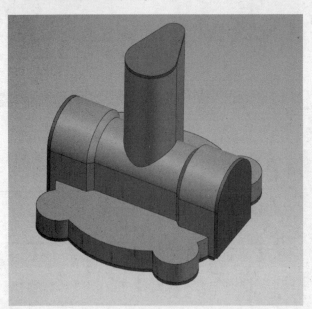

图3－34 添加产品加工余量

图3－34 添加产品加工余量

3) 选择分型面。根据产品结构选择合适的分型面，一般选择产品的最大截面为分型面，一方面便于浇冒系统的布置，另一方面便于后期砂型的清理，图3-35所示为分型面。

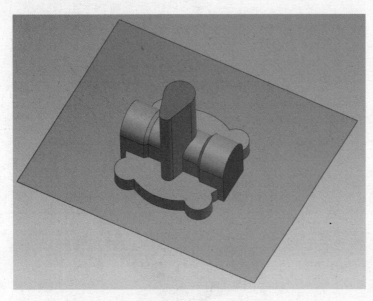

图3-35 分型面

4) 设计浇冒系统。根据产品的结构和浇注的材质，确定冒口位置和进水口位置，以及相应的尺寸，如图3-36所示，红色为毛坯浇注的浇冒系统设计，采取相对比较平稳的底注式浇注。

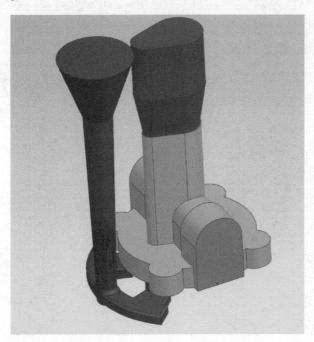

图3-36 浇冒系统

图3-36 浇冒系统

5）设计打印砂型。根据浇注的材质，确定吃砂量，浇注铸铁一般吃砂量在 30～50 mm，浇注铝合金一般吃砂量在 15～30 mm，从分型面位置剖开，如图 3－37 所示，分为上砂型和下砂型，分型面设计封火槽，防止浇注时有跑火或漏水情况。

图 3－37 砂型设计

3. 底座砂型打印文件的切片处理

1）导入排缸软件 Magics。把设计好的砂型导入排缸软件，如图 3－38 所示。

图 3－38
导入排缸
软件 Magics

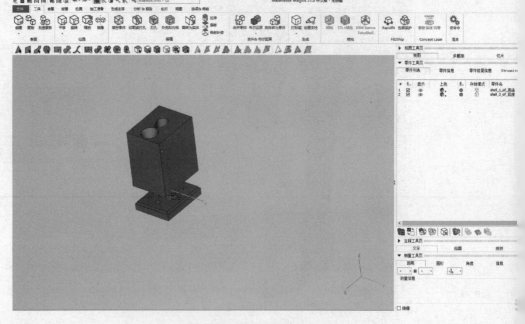

图 3－38 导入排缸软件 Magics

2）导入设备型号。导入预先设置的打印成型缸，如图 3－39 所示，成型缸尺寸和设备实际的尺寸吻合，现打印设备的成型缸尺寸为 1 200 mm×1 000 mm×600 mm。

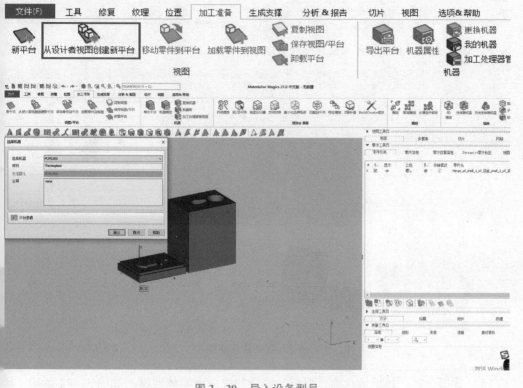

图 3－39　导入
设备型号

图 3－39　导入设备型号

3）规则排序。调整砂型的位置，将其规则摆放在成型缸范围内，一般选择规则的成型面朝下，砂型与砂型零件之间不能有干涉、自锁、碰撞等情况，如图 3－40 所示。

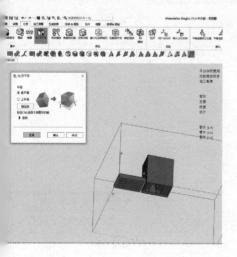

图 3－40　规则
排序

图 3－40　规则排序

4）数据补偿。根据各厂家的设备精度及设备运行情况，设置数据的补偿参数，

Z 轴补偿设值为 0.45 mm，如图 3 – 41 所示。

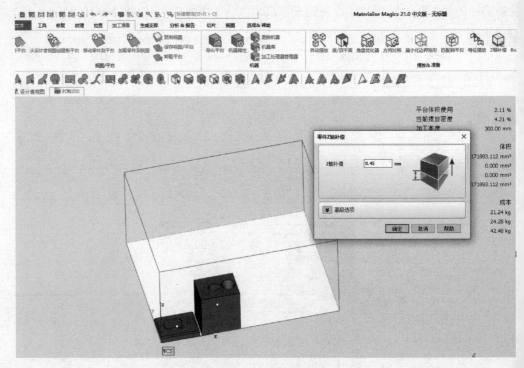

图 3 – 41　数据补偿

5）数据合并。数据切片前，要把数据合并成一个实体数据，如图 3 – 42 所示，因为切片软件只能识别一个实体。

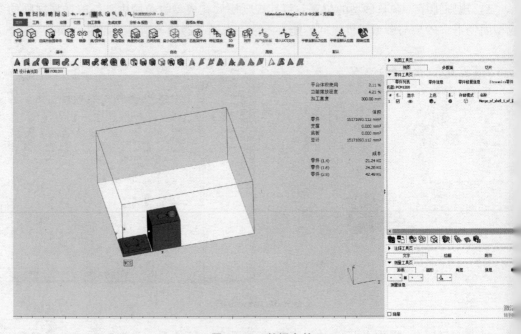

图 3 – 42　数据合并

6）导入切片软件，把排缸好的数据导入切片软件，如图3-43所示。

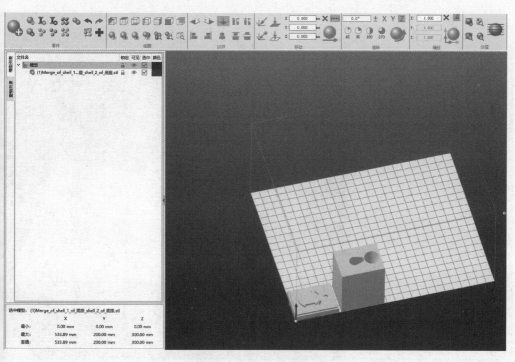

图3-43　导入切片软件

7）设置切片参数。如图3-44所示，设置切片"厚度"为0.4 mm，开始"切片位置"为0.2 mm，"去壳"为0.18 mm。

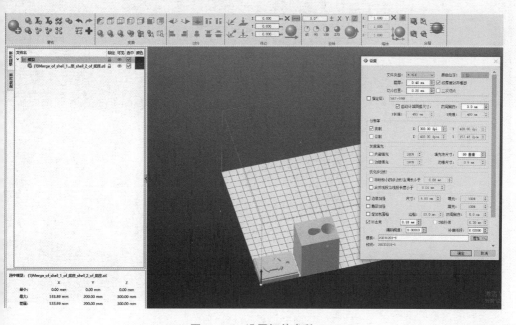

图3-44　设置切片参数

8）开始切片。根据砂型排缸高度，得出切片层数为 750 层，如图 3-45 所示。

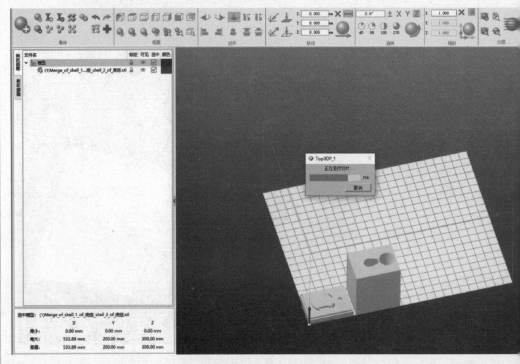

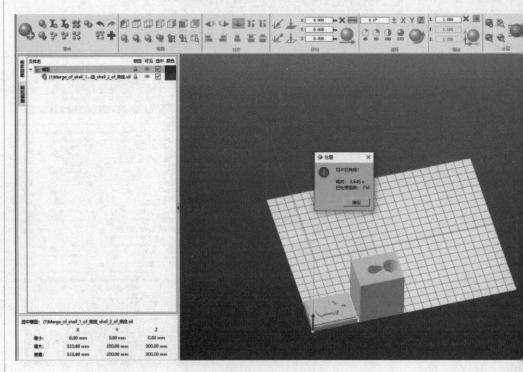

图 3-45　开始切片

图 3-45
开始切片

9）检查切好的数据，如图 3-46 所示。

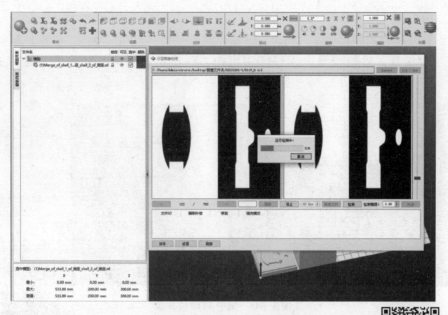

图 3 - 46　检查切好的数据

图 3 - 46　检查切好的数据

4. 3DP 打印上机操作

1）准备砂纸、毛刷、吸尘器、清洗剂、无尘布等工位器具。

2）检查打印平台，确保其上面无工件或其他物品，以免碰伤喷头及铺砂机构。

3）检查并打开设备，压缩空气气源、电源，若气压不足，则需检查空压机。

4）用吸尘器清扫铺砂斗及铺砂斗导轨周边散砂，清扫砂箱及砂箱轨道周边散砂，用清洗剂和无尘布清洗喷头及周边污渍，保持设备整体清洁度，如图 3 - 47 所示。

图 3 - 47　上机操作

5.3DP 打印

1）打开砂箱控制板卷帘门到顶，砂箱控制板打到"自动"状态，砂箱控制板打到"左行"后松开，砂箱缓慢进入打印主机内，砂箱定位插销气缸伸出，如图 3 – 48 所示。

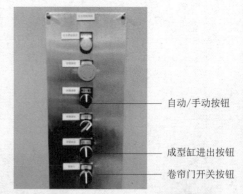

自动/手动按钮

成型缸进出按钮

卷帘门开关按钮

图 3 – 48　3DP 打印机开机

2）导入打印数据，并设置相应的打印参数，每打印 200 层厚清洗一次打印喷头，打印参数选择"高硅砂，0.4 层厚，400DPI"，设定好后，单击"保存"按钮生效，如图 3 – 49、图 3 – 50 所示。

图 3 – 49　3DP 打印设备参数设置说明一

PLC设置内容

打印、暂停、停止

喷头闪喷24 h打开

界面语言选择

文件导入

打印设置内容

打印的图像

喷头位置控制

手动运动控制

文件信息

文件打印进度

铺砂控制

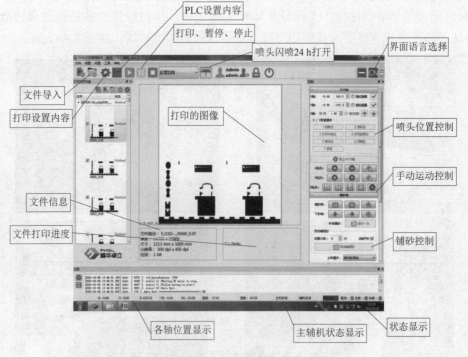

各轴位置显示

主辅机状态显示

状态显示

图 3 – 49　3DP 打印设备参数设置说明一

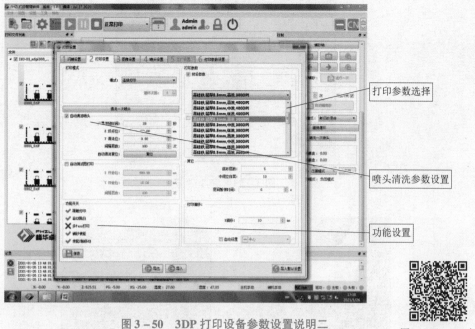

图 3-50　3DP 打印设备参数设置说明二

打印参数选择

喷头清洗参数设置

功能设置

图 3-50　3DP 打印
设备参数
设置说明二

3) 单击 "开始打印" 按钮，打印过程如图 3-51、图 3-52 所示。

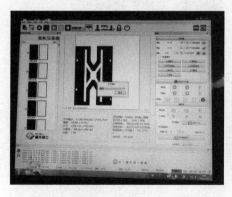

图 3-51　3DP 打印控制界面

图 3-52　底座 3DP 打印过程

6. 3DP 打印后处理过程

1) 取砂型。3DP 打印完成后，把砂型从成型缸内取出来，并清理表面浮砂，如图 3-53 所示。

2) 砂型表面比较粗糙，直接铸造出的零件表面质量同样不好，故 3DP 打印砂型需要进行浸涂工艺，根据零件对表面质量的要求不同，选择涂料和工艺不一样。底座选择浸涂一次，在 80 ℃ 环境下烘烤 3 h，如图 3-54 所示。

3) 砂模合型。合型是把砂型按正确顺序组合成一个整体模具，在合型期间，用砂纸去除涂料流痕，休整砂型模具内表面质量，矫正砂型合模尺寸。底座砂型合模如图 3-55 所示。

图 3 - 53　底座砂型

图 3 - 54　底座砂型浸涂工艺

图 3 - 55　底座砂型合模

4）底座铸造工艺。一般情况下，砂型合模后，再次放到烘箱，温度根据零件形状和大小设置，底座零件结构比较简单、壁厚适中，模具温度设置在 150 ℃，保温 1.5 ~ 3 h，然后浇注铝合金，浇注现场如图 3 - 56 所示。浇注完成后，再经过去浇冒口、后处理和热处理工艺后得到铝合金底座零件。

图 3 – 56　底座浇注工艺

 考核评价

考核评价表如表 3 – 3 所示。

表 3 – 3　考核评价表

工作任务名称	底座的造型设计与 3D 打印						
评价项目	考核内容	考核标准	配分	小组评分	教师评分	企业评分	总评
任务完成情况评定（80 分）	任务分析	正确率为 100%（5 分） 正确率为 80%（4 分） 正确率为 60%（3 分） 正确率 <60%（0 分）	5 分				
	建模	规范、熟练（10 分） 规范、不熟练（5 分） 不规范（0 分）	10 分				
	数据处理	参数设置正确（20 分） 参数设置不正确（0 分）	20 分				
	打印成型	操作规范、熟练（10 分） 操作规范、不熟练（5 分） 操作不规范（0 分）	30 分				
		加工质量符合要求（20 分） 加工质量不符合要求（0 分）					

工作任务名称	底座的造型设计与3D打印						
评价项目	考核内容	考核标准	配分	小组评分	教师评分	企业评分	总评
任务完成情况评定（80分）	后处理	处理方法合理（5分） 处理方法不合理（0分）	15分				
		操作规范、熟练（10分） 操作规范、不熟练（5分） 操作不规范（0分）					
职业素养（20分）	劳动保护	按规范穿戴防护用品	每违反一次扣5分，扣完为止				
	纪律	不迟到、不早退、不旷课、不吃喝、不游戏					
	表现	积极、主动、互助、负责、有改进精神等					
	6S规范	符合6S管理要求					
总分							
学生签名		教师签名			日期		

自主学习

完成接管浇注工艺设计，应用3DP打印技术进行加工，如图3-57所示。

图3-57　接管

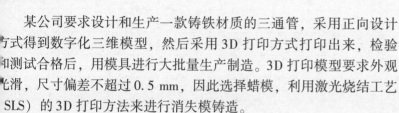

项目 4　三通管的数字化设计与 3D 打印（SLS）

三通管的数字化设计
与 3D 打印（SLS）

项目导读

　　某公司要求设计和生产一款铸铁材质的三通管，采用正向设计方式得到数字化三维模型，然后采用 3D 打印方式打印出来，检验和测试合格后，用模具进行大批量生产制造。3D 打印模型要求外观光滑，尺寸偏差不超过 0.5 mm，因此选择蜡模，利用激光烧结工艺（SLS）的 3D 打印方法来进行消失模铸造。

知识目标

　　1. 熟悉 NX 软件操作方法。
　　2. 理解 SLS 打印技术原理及应用。

能力目标

　　1. 能阅读任务单，准确理解工作任务。
　　2. 能应用 NX 软件绘制三通管模型。
　　3. 能应用 3D 打印软件进行数据处理。
　　4. 能正确操作 SLS 设备打印三通管。
　　5. 能进行 SLS 打印产品后处理。

素养目标

　　1. 培养学生自信、自强的精神，挖掘自身潜力，从容地应对复杂多变的环境培养学生。
　　2. 培养学生执着专注、精益求精、一丝不苟、追求卓越的工匠精神。
　　3. 培养学生独立思考、独立解决问题的能力。

4.1 工作任务

4.1.1 组建团队及任务分工

组建团队及任务分工如表4-1所示。

表4-1 组建团队及任务分工

团队名称	团队成员	工作任务

4.1.2 发放任务单

任务单如表4-2所示。

表4-2 任务单

产品名称	三通管	编号		时间	5天
序号	零件名称	规格	图形	数量/件	设计要求
1	三通管		根据客户要求绘制三维图	1	1. 准确绘制三维模型； 2. 3D打印
备注	请在指定时间内完成	完成日期			
生产部意见		日期			

4.2 知识准备

4.2.1 SLS技术的概念

SLS技术是由美国得克萨斯大学奥斯汀分校的 C. R. Dechard 于 1989 年研制成功的。目前德国 EOS 公司已推出自己的 SLS 工艺成型机 Eosint，分为适用于金属、聚合物和砂型三种机型。我国北京隆源自动成型系统有限公司和华中科技大学也相继开发了商品化的设备。

SLS 技术全称为粉末材料选择性烧结（Selected Laser Sintering），同义词有选择性激光烧结、粉末层熔融，是一种采用红外激光作为热源来烧结粉末材料，以逐层添加方式快速成型三维零件的方法。

激光烧结（SLS）技术适合制作具有良好机械特性和复杂几何形状的部件，包括内部特征、底切、薄壁或负拔模。该技术通过使用高功率的二氧化碳激光器选择性熔化和熔融粉末状热塑材料来打印零件。激光烧结零件由各种粉末状聚酰胺材料制成，包括尼龙11、尼龙12和含有各种填充物（如碳纤维或玻璃球）的聚酰胺，以增强其机械特性。因此制造的零件与使用传统制造方法生产的零件相当，具有不透水、不透气、耐热和阻燃等特性。

4.2.2　SLS 成型原理

SLS工艺是利用粉末状材料（主要有塑料粉、蜡粉、金属粉、表面附有黏结剂的覆膜陶瓷粉、覆膜金属粉及覆膜砂等）在激光照射下烧结的原理，在计算机控制下按照界面轮廓信息进行有选择的烧结，层层堆积成型。SLS技术使用的是粉状材料，从理论上讲，任何可熔的粉末都可以用来打印成型。

SLS工艺装置由激光器及光路、送料缸、成型缸、升降工作台和铺粉装置等组成，工作时送料缸活塞上升，由送料辊将粉末在成型缸活塞（工作活塞）上均匀铺上一层，计算机根据原型的切片模型控制激光束的二维扫描轨迹，有选择地烧结固体粉末材料，以形成零件的一个层面。粉末完成一层后，成型缸活塞会下降一个层厚，铺粉装置铺上新粉。计算机控制激光束再扫描烧结新层。如此循环，层层叠加，直到三维零件成型。最后，激光器将未烧结的粉末回收到送料缸中，并取出成型件。SLS工艺原理如图4-1所示。

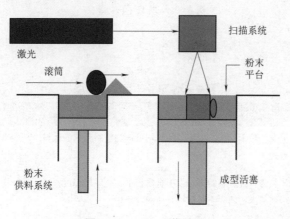

图 4 - 1　SLS 工艺原理

在成型过程中，未经烧结的粉末对模型的空腔和悬臂部分起着支撑作用，不必像LA工艺那样另外生成支撑结构。SLS工艺使用的激光器是二氧化碳激光器，使用的粉末原料有蜡、聚碳酸酯、尼龙、纤细尼龙、合成尼龙、金属等。当实体构建完成并在成型缸充分冷却后，粉末快速上升至初始位置，将其取出，放置在后处理工作台上，用刷子刷去表面粉末，露出加工件，其余残留的粉末可用压缩空气去除。

4.2.3 典型 SLS 设备与原料

1. 设备

SLS 设备主要由机械系统、光学系统和计算机控制系统组成。机械系统和光学系统在计算机控制系统的控制下协调工作，自动完成制件的加工成型。机械系统主要由机架、工作平台、铺粉机构、两个活塞缸、集料箱、加热火灯和通风除尘装置组成。典型 SLS 设备如图 4 - 2 所示。

图 4 - 2 典型 SLS 设备

2. 原料

SLS 工艺原料特点如表 4 - 3 所示。

表 4 - 3 SLS 工艺原料特点

原料类型	原料特点
塑料粉末	尼龙、聚苯乙烯、聚碳酸酯等均可作为塑料粉末的原料。一般直接用激光烧结，不作后续处理
金属粉末	原料为各种金属粉末。由于金属粉末在烧结时温度很高，为防止金属氧化，烧结时必须将金属粉末密闭在充有保护气体的容器中
陶瓷粉末	陶瓷粉末在烧结时要加入黏结剂。黏结剂有无机黏结剂、有机黏接剂及金属黏结剂三类

4.2.4 SLS 工艺的优缺点

1. 优点

1) SLS 工艺所使用的成型材料十分广泛，包括石蜡、金属、陶瓷、石膏、尼龙粉末及其复合粉末材料。从理论上来说，SLS 工艺可采用加热时黏度降低的任何粉末材料，通过材料或各类含黏结剂的涂层颗粒制造出任何造型，以适应不同的生产需要。

2）SLS工艺无须设计和制造复杂的支撑系统，制作过程与零件复杂程度无关，制件的强度高。

3）生产效率较高，材料利用率高，烧结的粉末可重复使用，材料无浪费。

4）应用面广。由于成型材料的多样化，使SLS工艺适合于多种应用领域，如原型设计验证、模具母模、精铸熔模、铸造型壳和型芯等。

5）精度高。用SLS工艺打印的零件精度取决于使用的材料种类、产品的几何形状和复杂程度，该工艺一般能够达到工件整体范围内 $\pm(0.05 \sim 2.5)$ mm 的偏差。

6）制造工艺简单。由于可用多种材料，选择性激光烧结工艺按采用的原料不同，可以直接生产形状复杂的原型、型腔模、三维构件或部件及工具。

2. 缺点

1）成型零件表面粗糙。用SLS工艺成型后的工件表面会比较粗糙，而粗糙度取决于粉末的直径。

2）成型零件结构疏松、多孔，且有内应力，制作时易变形。

3）生成陶瓷、金属制件的后处理较难。

4）烧结过程有异味。SLS工艺中粉层需要用激光加热使其达到熔化状态，高分子材料或粉末在激光烧结时会产生异味。

5）无法直接成型高性能的金属和陶瓷零件，成型大尺寸零件容易发生翘曲变形。

6）有时需要比较复杂的辅助工艺。SLS工艺视所用的材料而异，有时需要比较复杂的辅助工艺，如给原材料进行长时间的预热、造型完成后需要对模型表面的浮粉进行清理等。

7）由于使用了大功率激光器，除了本身的设备成本，还需要很多辅助保护工艺，整体技术难度大，制造和维护成本较高。

4.2.5　SLS 应用

1. 快速原型制造

SLS工艺可快速制造所设计零件的原型，方便及时对产品进行评价、修正，以提高设计质量。

2. 新型材料的制备及研发

利用SLS工艺可以开发一些新型的颗粒，如复合材料上的增强颗粒和硬质合金。

3. 小批量、特殊零件的制造加工

采用SLS技术可快速、经济地实现小批量和具有复杂形状零件的制造。

4. 快速模具和工具制造

SLS制造的零件可直接作为模具使用，如熔模铸造、砂型铸造、注塑模型、高精度形状复杂的金属模型等；也可以将成型件经后处理后作为功能零件使用。

5. 在医学上的应用

SLS工艺烧结的零件由于孔隙率很高，因此可用于人工骨的制造，根据国外用SLS技术制备人工骨的临床研究表明，用SLS技术制备的人工骨生物相容性良好。

4.3　任务实施

完成如图4-3所示的三通管的三维模型绘制。

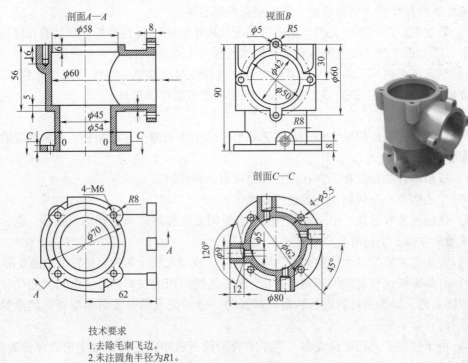

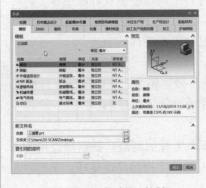

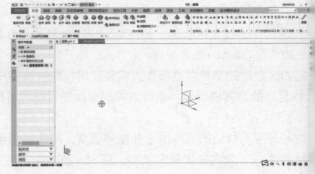

技术要求
1.去除毛刺飞边。
2.未注圆角半径为R1。
3.未注公差应符合GB/T 4249—2009的要求。
4.未注形位公差应符合GB/T 1184—1996的要求。

图4-3　三通管的三维模型

4.3.1　三通管的制作

1）打开 NX 1899 软件，选择"新建"→"模型"命令，将文件名改为"三通管"，如图4-4所示，单击"确定"按钮，进入 NX 工作界面，如图4-5所示。

图 4 - 4　"新建"对话框

图 4 - 5　NX 工作界面

2）单击 按钮，弹出"创建草图"对话框，选择"基于平面"命令，如图4－6所示，单击"确定"按钮，进入草图界面，如图4－7所示。

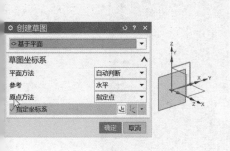

图4－6　"创建草图"对话框

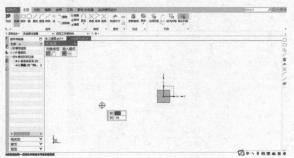

图4－7　草图界面

图4－7　草图界面

3）单击"轮廓"按钮，绘制图4－8所示轮廓曲线。

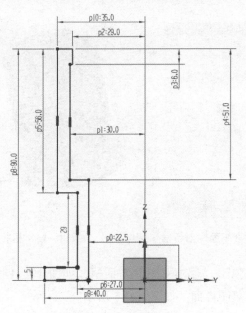

图4－8　绘制轮廓曲线

4）单击 按钮，完成草图绘制，如图4－9所示。

5）单击 按钮，弹出"旋转"对话框，如图4－10所示，选择草图为曲线，在"轴"选项区域中选择Z轴为指定矢量，在"限制"选项区域中，将开始"角度"设置为0°，结束"角度"设置为360°，单击"确定"按钮，结果如图4－11所示。

6）单击 按钮，弹出"基准平面"对话框，如图4－12所示，选择YZ平面为参考面，在"偏置"选项卡中，将"距离"设置为62 mm，单击"确定"按钮，结果如图4－13所示。

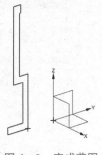

图4－9　完成草图

图 4 – 10　"旋转"对话框

图 4 – 11　旋转圆筒

图 4 – 12　"基准平面"对话框

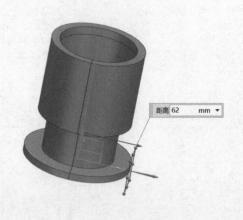

图 4 – 13　基准平面

7）单击 草图 按钮，弹出"创建草图"对话框，如图 4 – 14 所示。选择图 4 – 13 所绘平面为草绘面，进入草图界面，如图 4 – 15 所示。

图 4 – 14　"创建草图"对话框

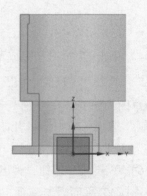

图 4 – 15　草图界面

8）单击 ◯圆 按钮，绘制如图 4-16 所示的草图，单击 ⬛完成 按钮，完成草图绘制，如图 4-17 所示。

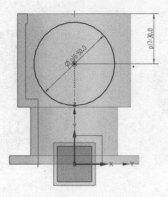

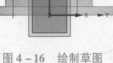

图 4-16 绘制草图

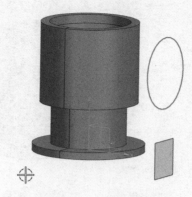

图 4-17 完成草图

9）单击 ⬡拉伸 按钮，弹出"拉伸"对话框，如图 4-18 所示，选择图 4-17 草绘曲线，开始"距离"设置为 0 mm，"结束"下拉列表选择"直至选定"命令，"布尔"下拉列表选择"合并"命令，选择外圆面为选定面，单击"确定"按钮，完成拉伸，结果如图 4-19 所示。

图 4-18 "拉伸"对话框

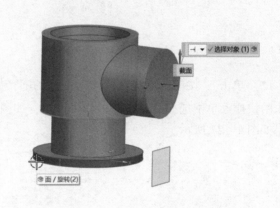

图 4-19 拉伸实体

10）单击 ⬡孔 按钮，弹出"孔"对话框，如图 4-20 所示，在"形状"下拉列表中选择"简单孔"，将"孔径"设置为 42 mm，选择如图 4-21 所示外圆边线的圆心作为孔中心点，孔深尺寸穿过圆柱内壁即可，结果如图 4-22 所示。

11）单击 ⬡草图 按钮，弹出"创建草图"对话框，如图 4-23 所示，选择图 4-22 绘制圆筒端面为草绘面，结果如图 4-24 所示。

图 4 - 20　"孔" 对话框　　　图 4 - 21　选择外圆边线圆心　　　图 4 - 22　孔

图 4 - 23　"创建草图" 对话框　　　图 4 - 24　选择圆筒端面

12）单击 ⬡ 按钮，绘制直径为 60 mm 的圆，如图 4 - 25 所示。选中圆，右击，在弹出的快捷菜单中选择 "转换为参考" 命令，如图 4 - 26 所示，将圆周转换为参考圆，结果如图 4 - 27 所示。

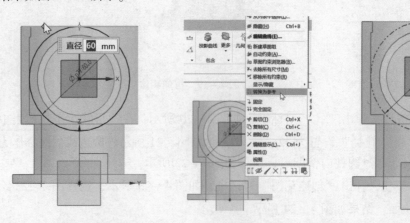

图 4 - 25　绘制圆　　　图 4 - 26　右击选择 "转化为参考"　　　图 4 - 27　参考圆

13）单击 ○ 按钮，绘制如图两个圆，单击 ／ 按钮，绘制两条竖直线。单击 投影曲线 按钮，将直径为50 mm的外圆边线投影到草图中，单击 ╳ 按钮，修建草图曲线，如图4-28所示，单击 ▨ 按钮，完成草图的绘制，如图4-29所示。

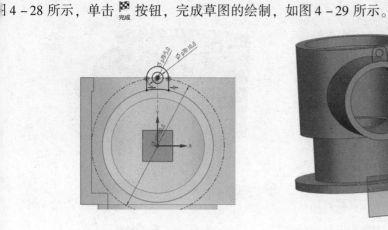

图4-28 绘制草图   图4-29 完成草图

14）单击 拉伸 按钮，弹出"拉伸"对话框，如图4-30所示，选择图4-29绘制的草图曲线，拉伸结束"距离"设置为8 mm，"布尔"下拉列表选择"合并"，结果如图4-31所示。

图4-30 "拉伸"对话框   图4-31 拉伸

15）单击 阵列特征 按钮，弹出"阵列特征"对话框，如图4-32所示，选择图4-31绘制的实体，在"布局"下拉列表中选择"图形"，"旋转轴"为圆柱中心，"数量"设置为4，"间隔角"设置为90°，单击"确定"按钮，结果如图4-33所示。

图 4 – 32 "阵列特征" 对话框

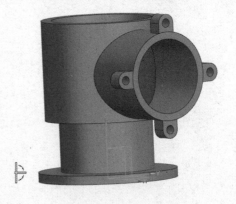

图 4 – 33 阵列特征

16）单击 ✍ 按钮，弹出 "创建草图" 对话框，选择圆柱顶面为草绘面，绘制如图 4 – 34 所示草图，单击 ✕ 按钮，修剪草图，单击 ▨ 按钮，完成草图绘制，结果如图 4 – 35 所示。

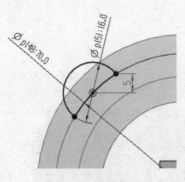

图 4 – 34 绘制草图

图 4 – 35 完成草图

17）单击 ⬡ 按钮，弹出 "拉伸" 对话框，如图 4 – 36 所示，选择如图 4 – 35 所示的曲线为拉伸曲线，结束 "距离" 设置为 24 mm，"布尔" 下拉列表选择 "无"，单击 "确定" 按钮，结果如图 4 – 37 所示。

图 4 - 36   "拉伸"对话框   图 4 - 37   拉伸

18）单击  按钮，弹出"边倒圆"对话框，如图 4 - 38 所示，选择半圆柱边线，
'半径 1"设置为 8 mm，单击"确定"按钮，完成倒圆角，结果如图 4 - 39 所示。

图 4 - 38   "边倒圆"对话框   图 4 - 39   边倒圆

19）单击 阵列特征 按钮，弹出"阵列特征"对话框，如图 4 - 40 所示，选择半
圆柱为阵列特征，"布局"下拉列表选择"圆形"，选择 Z 轴为旋转轴，"数量"设置
为 4，"间隔角"设置为 90°，单击"确定"按钮，结果如图 4 - 41 所示。

图 4-40　"阵列特征"对话框

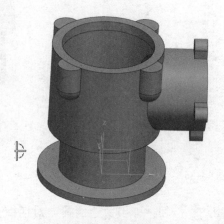

图 4-41　阵列特征

20）单击 合并 按钮，弹出"合并"对话框，如图 4-42 所示，选择大圆柱与半圆柱，进行布尔运算，结果如图 4-43 所示。

图 4-42　"合并"对话框

图 4-43　合并

21）单击 孔 按钮，弹出"孔"对话框，如图 4-44 所示，在孔类型下拉列表中选择"螺纹孔"命令，"大小"选择 M6×1.0，"螺纹深度"设置为 12 mm，"孔深"设置为 16 mm，"位置"选择半圆柱圆心，单击"确定"按钮，完成螺纹孔绘制，结果如图 4-45 所示。

图 4-44 "孔"对话框

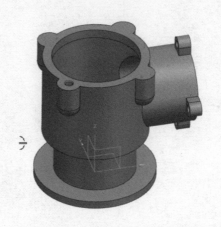

图 4-45 螺纹孔

22）单击  阵列特征 按钮，弹出"阵列特征"对话框，如图 4-46 所示，选择 M6 螺纹孔为要阵列的特征，"布局"选择"圆形"，在"旋转轴"选项区域中，选择 Z 轴 为旋转轴，"数量"设置为 4，"间隔角"设置为 90°，单击"确定"按钮，结果如 图 4-47 所示。

图 4-46 "阵列特征"对话框

图 4-47 阵列特征

23）单击 孔 按钮，弹出"孔"对话框，如图 4-48 所示，在"孔类型"下拉列表 选择"常规孔"，"孔径"设置为 5.5 mm，"位置"选择绘制截面，选择底板上表面 草绘面，进入草绘，绘制圆心，单击"确定"按钮，完成圆心的绘制，如

图 4 - 49 所示，单击 完成 按钮，退出草图，单击"确定"按钮，完成孔的绘制，结果如图 4 - 50 所示。

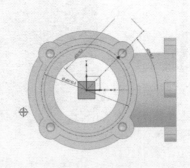

图 4 - 48　"孔"对话框　　　　图 4 - 49　绘制圆心　　　　图 4 - 50　孔

24) 单击 阵列特征 按钮，弹出"阵列特征"对话框，如图 4 - 51 所示，选择直径 5.5 mm 的孔为要阵列的特征，"布局"下拉列表选择"圆形"，选择 Z 轴为旋转轴"数量"设置为 4，"间隔角"设置为 90°，单击"确定"按钮，结果如图 4 - 52 所示。

图 4 - 51　"阵列特征"对话框　　　　图 4 - 52　阵列孔

25) 单击 基准平面 按钮，弹出"基准平面"对话框，如图 4 - 53 所示，选择 XZ 面为参考面，"距离"设置为 40 mm，单击"确定"按钮，完成基准平面的创建，结果如图 4 - 54 所示。

基准平面	ひ ? ×
自动判断	▼
要定义平面的对象	∧
✓选择对象 (1)	
偏置	∧
距离	⊠ 40 mm ▼
平面的数量	1
平面方位	∧
反向	⊠
设置	∧
☑关联	
▲
<确定 应用 取消

图 4 – 53 "基准平面"对话框　　　　图 4 – 54 创建基准平面

26）单击 草图 按钮，弹出"创建草图"对话框，选择如图 4 – 54 所示绘制的基准平面为草绘面，单击"确定"按钮进入草图界面，如图 4 – 55 所示，单击 投影曲线 按钮，投影底面到草图中。单击 轮廓 按钮，绘制轮廓线，并修剪曲线，结果如图 4 – 56 所示。单击 完成 按钮，完成草图绘制，如图 4 – 57 所示。

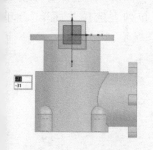

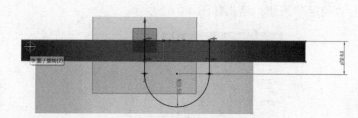

图 4 – 55 选择草绘面　　　　　　图 4 – 56 绘制草图

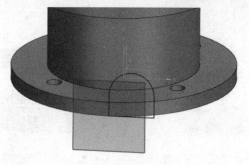

图 4 – 57 完成草图

27）单击 拉伸 按钮，弹出"拉伸"对话框，如图 4 – 58 所示，选择如图 4 – 57 所示草图曲线为拉伸曲线，"结束"下拉列表选择"直至选定"，选择圆柱面，如图 4 – 59 所示，"布尔"下拉列表选择"无"，单击"确定"按钮，完成拉伸，结果如图 4 – 60 所示。

学习笔记

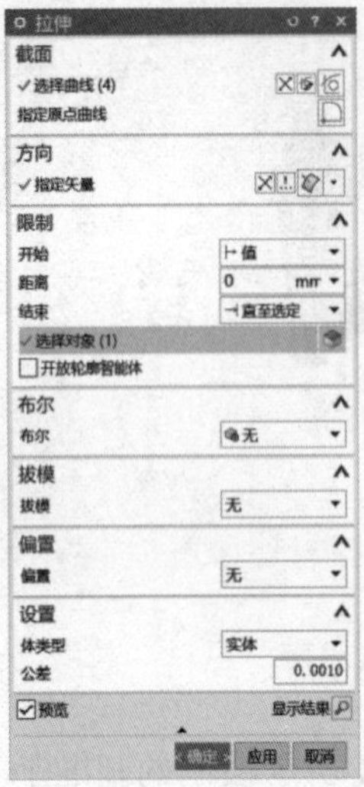

图 4－58 “拉伸”对话框

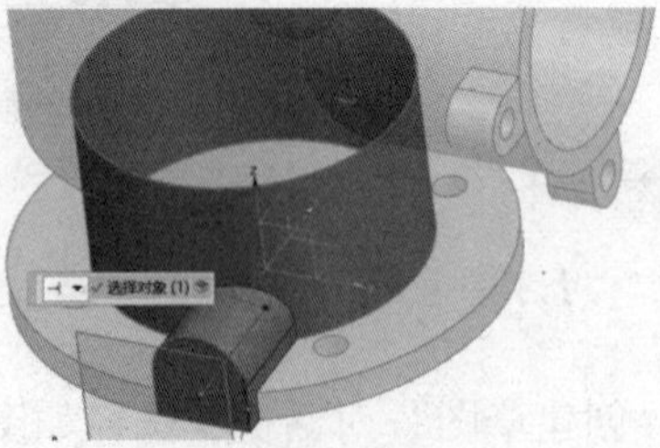

图 4－59 选择圆柱面

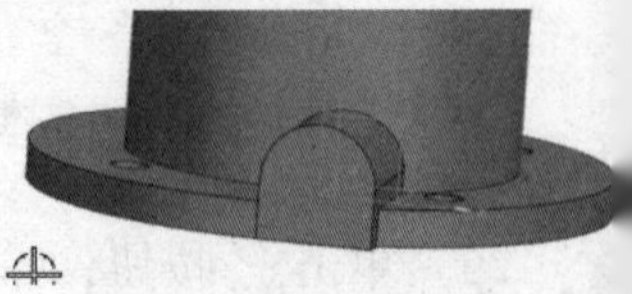

图 4－60 拉伸

28）单击 **阵列特征** 按钮，弹出“阵列特征”对话框，如图 4－61 所示，选择如图 4－60 所示的拉伸体为阵列特征体，“布局”下拉列表选择“圆形”，选择 Z 轴为旋转轴，“数量”设置为 4，“间隔角”设置为 90°，“方法”下拉列表选择“简单”，单击“确定”按钮，结果如图 4－62 所示。

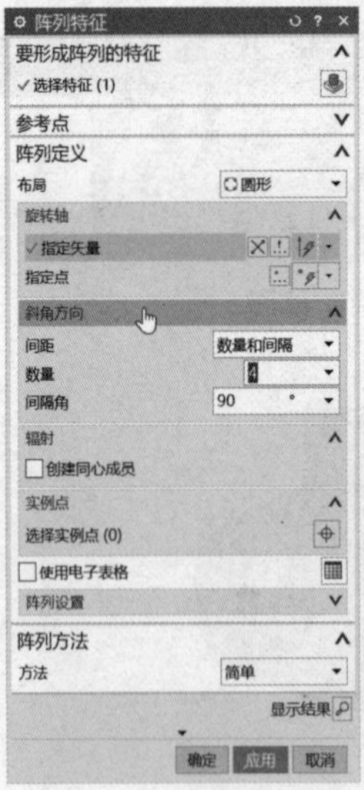

图 4－61 “阵列特征”对话框

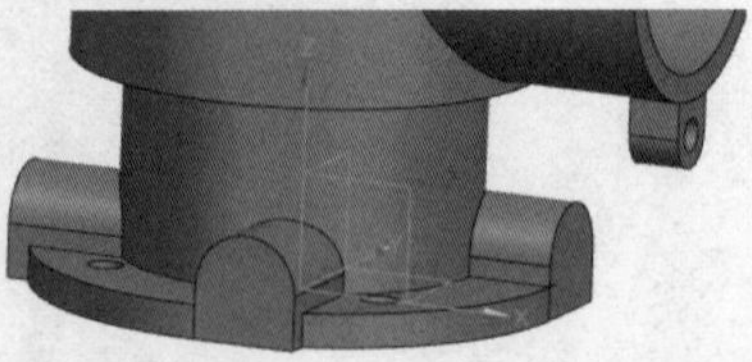

图 4－62 阵列特征

29）单击 孔 按钮，弹出“孔”对话框，如图 4－63 所示，选择半圆圆心，如图 4－64 所示，“孔径”设置为 9 mm，“孔深”设置为 12 mm，“顶锥角”设置为 0°，单击“确定”按钮，结果如图 4－65 所示。

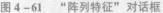

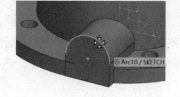

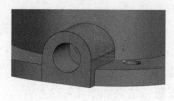

图 4 – 63　"孔"对话框　　　图 4 – 64　选择半圆圆心　　　图 4 – 65　创建孔

30）单击 按钮，弹出"孔"对话框，如图 4 – 66 所示，选择如图 6 – 47 所示的孔径 9 mm 底部圆边，"孔径"设置为 5 mm，"孔深"设置为 12 mm，"顶锥角"设置为 0°，单击"确定"按钮，结果如图 4 – 68 所示。

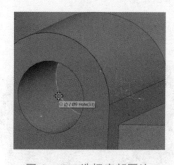

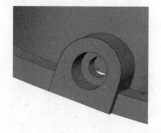

图 4 – 66　"孔"对话框　　　图 4 – 67　选择底部圆边　　　图 4 – 68　创建孔

31）单击 按钮，弹出"倒斜角"对话框，如图 4 – 69 所示，选择内孔边，"横截面"选择"偏置和角度"，"距离"设置为 1 mm，"角度"设置为 30°，单击"确定"按钮，完成倒斜角操作，结果如图 4 – 70 所示。

图 4 - 69　"倒斜角"对话框

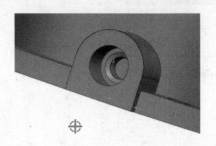

图 4 - 70　倒斜角

32）单击 阵列特征 按钮，弹出"阵列特征"对话框，如图 4 - 71 所示，选择 9 mm 孔径、5 mm 孔径和倒斜角特征，"布局"下拉列表选择"圆形"，选择 Z 轴为旋转轴，"数量"设置为 4，"间隔角"设置为 90°，"方法"选择"简单"，单击"确定"按钮，结果如图 4 - 72 所示。

图 4 - 71　"阵列特征"对话框

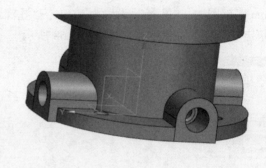

图 4 - 72　阵列特征

33）单击 合并 按钮，将所有特征合并，结果如图 4 - 73 所示。

图 4 - 73　三通管

4.3.2　3D 打印三通管

1. 设备准备

三通管的 3D 打印采用 Lasercore5300 设备进行打印。设备如图 4-74 所示。

Lasercore5300 设备由机械主体、光学系统、控制系统等三部分组成。机械主体主要由机架、工作平台、铺粉机构、送粉机构、成型缸、集料箱、加热灯和通风除尘装备组成。光学系统的主要组成部件有激光器、反射镜、扩束、聚焦系统、扫描器（又称振镜）、窗口、光束合成器、指示光源。打印机的控制系统是一个以计算机为核心，控制激光在粉末表面选区烧结，由机械电气实现烧结区逐层叠加的一个系统。其由工控机、激光系统、运动部件、辅助部件等组成。Lasercore5300 结构示意图如图 4-75 所示。

图 4-74　Lasercore5300 设备

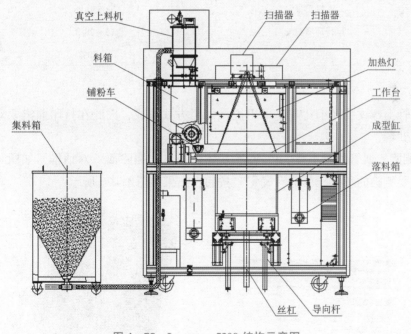

图 4-75　Lasercore5300 结构示意图

该设备的主要参数如表 4-4 所示。

表 4 – 4　Lasercore5300 设备主要参数

序号	参数	指标
1	激光器	射频 CO_2 55W
2	光学系统	动态聚焦高精度扫描振镜
3	成型缸体积	700 mm ×700 mm ×650 mm
4	成型层厚	0.1 ~ 0.35 mm
5	扫描速度	最大 6 000 mm/s
6	成型速度	90 ~ 130 cm^3/h
7	操作系统	Windows
8	控制软件	AFSwin
9	数据格式	STL
10	成型材料	精铸磨料 PSB 粉/树脂覆膜砂
11	电源	380 V/50 Hz/15 kV·A/三相五线制
12	主机尺寸	1970 mm ×1500 mm ×2785 mm
13	操控台	660 mm ×800 mm ×1600 mm
14	主机质量	2 550 kg
15	运行环境温度	15 ~ 28 ℃
16	相对湿度	<80%

2. 3D 打印数据处理

三通管上螺纹孔和小孔需要采用机械加工方式形成，因此在打印前需要对三通管数据进行处理。

1）删除三通管所有小孔。单击 按钮，弹出"删除面"对话框，如图 4 – 76 所示，选择要删除的小孔，单击"确定"按钮，结果如图 4 – 77 所示。

图 4 – 76　"删除面"对话框

图 4 – 77　删除小孔后实体

2）导出数据。导出处理后的数据，数据格式为 STL，如图 4 – 78 所示。

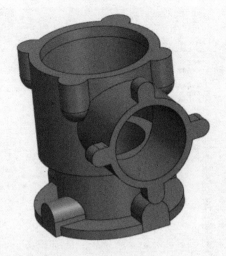

图 4-78 导出数据

3）模型定位。导入 Magics 软件，平移三维数据至合适位置，指定底平面位置，界面如图 4-79 所示。

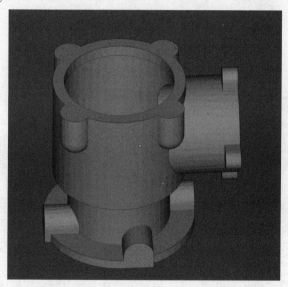

图 4-79 模型定位

4）修复数据。将三通管三维数据由实体数据转变为片体数据，通过 Magics 软件修复可能丢失的特征，如图 4-80 所示。

5）生成支撑。SLS 打印容易导致样件变形，因此在打印前必须添加支撑。单击"生成支撑"按钮，通过软件自动生成支撑，软件右侧显示了自动生成支撑的详细情况，删除过渡支撑项，导出支撑文件，退出"视图"模块，如图 4-81 所示。

6）数据处理。单击 按钮，对支撑加厚，一般情况下支撑厚度为 0.5 mm。再将三通管模型和支撑模型合并成一个零件，如图 4-82 所示。

7）数据切片。数据合并完成，选择"数据切片"命令，弹出"切片属性"对话

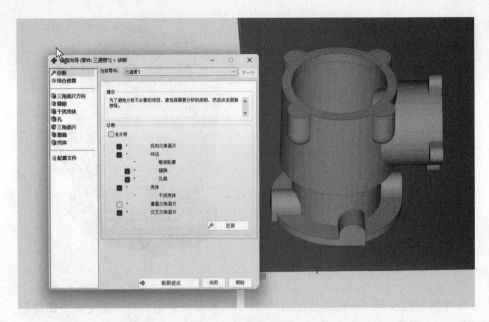

图 4–80 修复数据

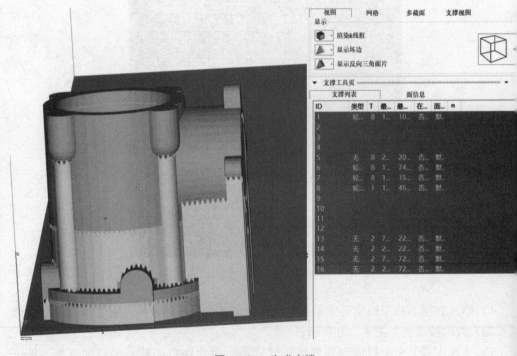

图 4–81 生成支撑

框，设置切片参数，如图 4–83 所示。

8）输出切片文件。打开 APRS 软件，将切片数据导入该软件。导入数据时，出现 "校验数据格式" 对话框，单击 "是" 按钮即可。导入数据完成后，选择如图 4–84 所示的 "输出 AFI 文件" 命令，出现 "保存文件地址" 对话框，单击 "保存" 按钮，弹

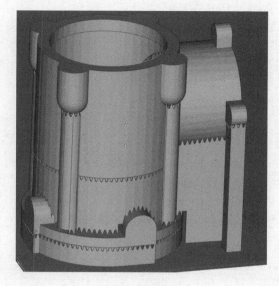

图 4 – 82　数据处理

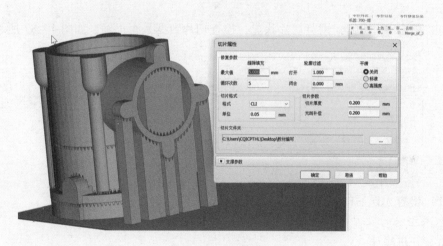

图 4 – 83　数据切片

出"输出 AFI 文件"对话框，进行参数设置，一般选择默认设置，如图 4 – 85 所示，

也可根据实际情况调整，单击"确定"按钮，输出 AFI 文件。

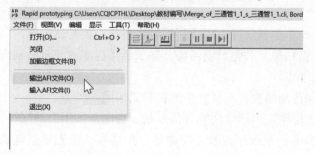

图 4 – 84　"输出 AFI 文件"命令

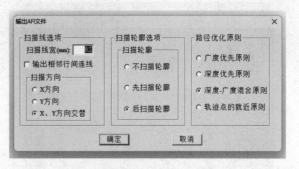

图 4-85 "输出 AFI 文件"对话框参数设置

9）软件右下角为切片信息栏，包括切片时间、切片总层数、当前切片层数，如图 4-86 所示。

图 4-86 切片信息栏

10）单击 ▶ 按钮，浏览切片状况，检查切片数据是否正确，如图 4-87 所示。

图 4-87 检查切片数据

11）检查无误后的数据即可输入 SLS 成型机进行制造。

3. 成型机的操作

（1）开机操作

1）打开成型室舱室门，检查并清扫成型机铺粉轨道及工作平台，使之清洁无异物，检查完毕关闭大门。

2）将电源钥匙开关置于开位，按下绿色启动开关按钮。保持 1 s，成型机通电，计算机开启，绿灯长亮。

3）检查集料箱中集料状况，用吸料机将集料箱中的粉体吸净。

4）检查激光窗口镜，若窗口镜污染，卸下后用丙酮或无水酒精清洗。

5）外置料箱加满料。

注意：①确保待加的粉料与料缸中的粉料属于同一类型。

②粉料中应无烧结块、板结块或其他杂物，否则必须用振动筛筛分。

6）启动 AFSwin 控制程序，激光冷却器、扫描器、激光器、电机、通风等电源自动开启，铺粉小车自动回位。机器准备如图 4-88 所示。

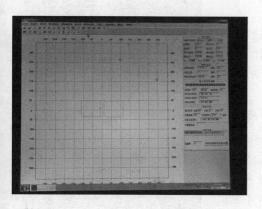 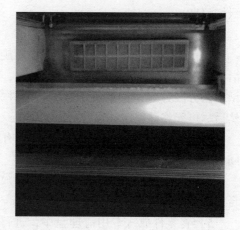

图4-88 机器准备

（2）成型操作

1）打开待成型零件的 AFI 文件，控制软件自动将零件置于中心。

2）若需同时制作多个零件或同时加工几个不同的零件，可单击"零件"菜单中的"排列 AFI 文件"和"添加 AFI 文件"命令进行操作，若有特殊情况可对零件进行缩放和位移。

3）预览、逐层查看零件各层状态，若有异常（出边界、数据反转等）返回切片软件检查错误。

4）修改成型参数和设置温控曲线。观察屏幕上各项参数值，如需改动，进入"工具"菜单，逐项修改。

5）加料。选择"电机"菜单中的"料缸移动"命令或按小车复位键 F9，对铺粉小车定量加入选用的粉料。

6）选择"电机"菜单中的"成型缸移动"命令，将成型缸（PART）活塞上升到适当位置，放入取件板，再将成型缸活塞上升到上限位位置，然后下降 1 mm。

7）选择"电机"菜单中的"铺粉"命令，重复（一般 4~5 遍）运行铺粉装置，直到将成型缸填满铺平。

注意：成型机运行过程中排风装置必须始终处于开启状态，操作人员应佩戴防尘口罩，以免粉尘污染。

8）将加热灯移到成型缸上方位置，设置成型温度，打开加热器。

注意：加热灯在开启状态严禁将手伸到加热灯内部，以免烫伤和触电。

9）打开大门，用红外测温仪测量成型缸粉料表面温度，当温度达到要求时，准备零件成型。

10）打开激光器，调节激光功率调节钮，根据不同原料和零件，选择适当功率。

11）仔细观察烧结过程，若有异常，可随时单击"终止"按钮退出，修改工艺参数后，选择"加工"菜单中的"继续加工"命令重新加工。

注意：成型烧结过程中，切忌将身体的任何部位送入成型室，以免造成激光烧伤。

（3）停机取件

1）零件完成后，软件自动记录加工时间；系统自动关闭除计算机外的所有电源，绿灯闪亮。

2）开电机、通风和照明开关。

3）将加热灯向右移出成型舱，用旋风吸砂机沿零件四周将未烧结的粉体慢慢吸出，同时将成型活塞分段升起，直到最顶部，使零件完全露出，然后尽可能将浮粉吸净。

注意：清粉前应检查集料箱是否有足够的空间，若没有，请先清除干净。

4）将零件连同取件板一起取出，放在清粉平台上，若零件较重，可用叉车，如图 4-89 所示。

5）将零件放入专用清理盘中，进行清粉等后处理工作。

6）关闭控制界面中各控制开关，退出程序，再按红色停止按钮，保持 1 s，成型机断电，红、绿灯全灭。

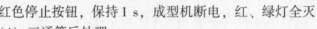

图 4-89　取件

（4）三通管后处理

1）清粉。为了避免清粉时损坏零件，清粉前应了解零件结构。

将盛有零件的托盘放在通风工作台上，用毛刷及专用工具将零件上的浮粉清除，最后用压缩空气将粉吹净。若遇小孔或狭小处有积粉，先用锥、针清除，然后用压缩空气吹净，用压缩空气时要注意气压，尤其是薄壁件。清粉、去支撑后，效果如图 4-90 所示。

图 4-90　清粉、去支撑后的效果

2）蜡化或树脂增强。

①蜡化。

用可生物降解的 PSB。制作用于消失铸造的蜡模，零件清理干净后，需进行蜡｜

处理。

将零件放在网状平台适当位置上,将蜡熔化,在 70 ℃下保温 30 min,待蜡温稳定后将平台缓慢沉入蜡中,下沉速度应与零件浸蜡速度一致。当零件完全沉入蜡中后,放置 3 min,待无气泡溢出后,把零件取出,静置,使多余蜡析出。待零件冷却至室温,即可进行精整处理,如图 4 – 91 所示。

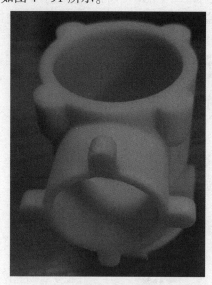

图 4 – 91 蜡化

②树脂增强。

对于无消失要求、需达到一定强度的零件,零件烧结成型后,应进行树脂增强。树脂增强步骤如下。

步骤一:树脂刷涂。

放置:将零件放置在工作台上,下面垫易吸水材料。

配料:将树脂 E – 1000(A 组分)与固化剂(B 组分)以 100∶34(质量比)混合,搅拌均匀。

刷涂:操作者戴一次性塑料手套,用一次性毛刷蘸树脂混合液,在零件上刷涂,刷涂树脂要均匀,保证树脂能渗透零件。刷涂完毕,零件表面应无积液,保持润湿状态。

步骤二:常温固化。

将刷涂后的零件放在室温下固化 6 h,对于特殊结构的零件应埋入聚乙烯或聚丙烯粒料中,埋放固化。

步骤三:热固化。

将零件放入恒温 50 ℃的烘箱内,热固化 3 ~ 6 h,最好固化 6 h 以上,树脂固化完全时,零件强度达到最高。

③精整及表面处理。

蜡化或树脂强化后的零件,需进行精整和表面抛光,有时还需对零件表面进行涂装处理,使其符合实际应用的要求。

成型机制作的零件，经过蜡化、精整后称为蜡模。用于精铸需要经过以下工艺过程。

涂壳：用无机黏结剂与一定细度的二氧化硅粉及助剂混为具有一定黏性的刷涂浆料，将蜡模沉入浆料中挂浆，要求挂浆均匀，然后在表面撒砂，阴干。重复以上过程8~10次，除第一层外，逐层撒砂加工，制壳完成后，应阴干24 h。

失蜡：将阴干的型壳空架在明火上，或放入高温炉内烧蚀，型壳中的蜡模熔化流出，余量分解、消失。

焙烧：失蜡完成后，型壳应经950 ℃以上火焰焙烧才能达到最大强度，同时，残留物经950 ℃火焰焙烧后，壳内应消失无物。

经过以上工序所成型壳，即可用于浇铸成型。

 考核评价

考核评价表如表4-5所示。

表4-5　考核评价表

工作任务名称		三通管数字化设计与3D打印					
评价项目	考核内容	考核标准	配分	小组评分	教师评分	企业评分	总评
任务完成情况评定（80分）	任务分析	正确率为100%（5分） 正确率为80%（4分） 正确率为60%（3分） 正确率<60%（0分）	5分				
	建模	规范、熟练（10分） 规范、不熟练（5分） 不规范（0分）	10分				
	数据处理	参数设置正确（20分） 参数设置不正确（0分）	20分				
	打印成型	操作规范、熟练（10分） 操作规范、不熟练（5分） 操作不规范（0分）	30分				
		加工质量符合要求（20分） 加工质量不符合要求（0分）					
	后处理	处理方法合理（5分） 处理方法不合理（0分）	15分				
		操作规范、熟练（10分） 操作规范、不熟练（5分） 操作不规范（0分）					

工作任务名称	三通管数字化设计与3D打印						
评价项目	考核内容	考核标准	配分	小组评分	教师评分	企业评分	总评
职业素养 (20分)	劳动保护	规范穿戴防护用品	每违反 一次 扣5分， 扣完为止				
	纪律	不迟到、不早退、不旷课、 不吃喝、不游戏					
	表现	积极、主动、互助、负责、 有改进精神等					
	6S规范	符合6S管理要求					
总分							
学生签名		教师签名			日期		

自主学习

数字化设计并采用 SLS 工艺打印如图 4 – 92 所示的三通管连接件。

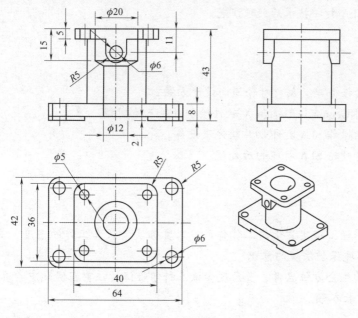

图 4 – 92　三通管连接件

项目5　叶轮的数字化设计与3D打印（SLA）

 项目导读

　　某公司要求根据叶轮的 STL 文件对叶轮进行逆向建模并进行小批量生产，经研究决定利用光固化成型技术（SLA）3D 打印方式试制叶轮，以方便检验和测试。

叶轮的数字化设计
与 3D 打印（SLA）

 知识目标

　　1. 掌握 SLA 打印技术的工作原理及 SLA 工艺的优缺点。

　　2. 掌握 SLA 常用工艺材料。

　　3. 掌握 SLA 打印工艺及参数处理。

　　4. 掌握 SLA 打印技术后处理工艺。

 能力目标

　　1. 能阅读任务单，制订叶轮逆向设计方案。

　　2. 能应用 Geomagic Design X 软件绘制叶轮三维模型。

　　3. 能正确操作 SLA 打印切片软件及设备。

　　4. 能进行叶轮 SLA 打印的后处理。

素养目标

　　1. 培养严谨、踏实肯干的工作作风，求真务实、认真工作的态度，具有遵守安全操作规范和环境保护法规的意识。

　　2. 引导学生全方位思考、多角度尝试、科学验证，注重在实践中学真知、悟真谛、加强磨炼、增长本领。

5.1 工作任务

5.1.1 组建团队及任务分工

组建团队及任务分工如表 5 – 1 所示。

表 5 – 1 组建团队及任务分工

团队名称	团队成员	工作任务

5.1.2 发放任务单

任务单如表 5 – 2 所示。

表 5 – 2 任务单

产品名称	叶轮	编号		时间	5 天
序号	零件名称	规格	图形	数量/件	设计要求
1	叶轮		根据客户要求对叶轮进行逆向建模	1	1. 准确对叶轮进行逆向建模； 2. 完成叶轮3D打印
备注	请在指定时间内完成		完成日期		
生产部意见			日期		

5.2 知识准备

5.2.1 逆向工程技术概述

逆向工程（Reverse Engineering，RE）又称反求工程，是对产品设计过程的一种描述。在一般的概念中，产品设计过程是一个从无到有的过程：设计人员首先构思产品的外形、性能和大致技术参数等，然后利用 CAD 技术建立产品的三维数字化模型，最终将模型转入制造流程，完成产品的整个设计制造周期。这样的产品设计过程称为正向工程或者正向设计。逆向工程的概念，则是相对于正向工程提出来的，广义的逆向工程包括影像逆向工程、软件逆向工程和实物逆向工程等。在机械制造领域，有关逆向工程技术的研究和应用都集中在几何形状，即重建产品实物的 CAD 模型和最终的产品制造方面，属于实物逆向工程。

实物逆向工程是从实物原型获得产品几何数据，并制造得到新产品的过程，其中既有对原型产品的继承，也有对原型产品的改进和创新设计。概括起来，逆向工程可以定义为，使用一定的测量手段，对实物原型进行几何数据测量，然后根据测得的数据，将实物原型转换为 CAD 模型，再在 CAD 模型的基础上进行优化设计，并最终制造出新产品的过程。逆向工程改变了 CAD 系统从图纸到实物的传统设计模式，为产品的快速开发提供一条新的途径。

逆向工程技术并不是传统意义上的"仿制"，而是综合应用现代工业设计的理论和方法，生产工程学、材料工程学等相关专业知识，进行系统的分析研究，进而快速开发、制造出高附加值、高技术水平的新产品，是对现有产品的消化、吸收和再创造。如果说正向工程是"从无到有"，那么逆向工程则是"从有到优"。

5.2.2　逆向工程的工作流程

逆向工程的工作流程可分为产品数据采集、数据处理、模型重构和实物制造 4 个阶段，如图 5－1 所示。

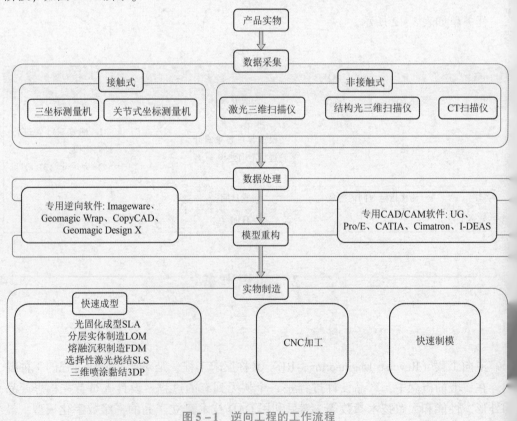

图 5－1　逆向工程的工作流程

1. 数据采集

在逆向工程中，数据采集又称原型表面数字化，俗称"抄数"。它是指利用各种测量设备和方法，将物体表面几何形状转换成离散的几何空间坐标点，从而得到逆向建模及尺寸评价所需数据的过程。

数据采集是逆向工程的基础，数据采集的质量直接影响最终模型的质量，也直接影响整个逆向工程的效率和质量，在实际应用中，常常因为模型表面数据的问题导致逆向建模质量降低，数据采集的质量除了与扫描设备、软件有关外，与操作人员的技术水平也有密切关系。

2. 数据处理

在表面数据采集过程中，由于测量设备精度、操作者经验、被测件表面质量和环境等因素的影响，得到的点云数据不可避免地会存在一些问题，需要进行数据处理。数据处理是逆向工程的关键环节，其结果直接影响后期模型重构的质量。点云数据的处理包括剔除冗余数据、减少噪声、数据精简、多视对齐、数据光顺等诸多方面。

3. 模型重构

模型重构（逆向建模）是在获取处理好的测量数据后，根据测量数据重建出三维模型的过程。逆向建模是后续处理的关键步骤，它不仅需要设计人员熟练掌握软件、熟悉逆向造型的方法步骤，还要洞悉产品原设计人员的设计思路，结合实际情况进行造型。逆向建模的软件也比较多，除了如图 5 - 1 所示数据处理软件均具有逆向建模功能外，在一些流行的 CAD/CAM 集成系统中也开始集成类似模块，如 CATIA 中的 DES、DUS 模块，Pro/Engineer 中的 Pro/SCAN 功能，Cimatron 中的 Reverse Engineering 功能模块等，UC NX 也将 Imageware 集成为其专门的逆向模块。

近年来，美国 RainDrop 公司出品 Geomagic Design X2020 软件，凭借其功能全面、界面简洁、易学易用的特点，受到很多逆向设计者青睐，本书将对应用 Geomagic Design X2020 软件进行逆向建模的方法作系统讲解。

逆向建模虽然是根据采集的三维数据来完成的，但是因为曲面拟合和曲面连接时总是存在误差的，所以，逆向建模得到的 CAD 模型，与采集的三维数据之间也会存在误差。根据实际生产情况，工程师会指定逆向建模的精度，并将逆向建模得到的 CAD 模型和处理后的三维数据导入 Geomagic Control 软件进行比对。

Geomagic Control 软件是一款为了进行质量管理和计量流程工作而研发的专业计量软件，其也是美国 RainDrop 公司的产品，能够方便地将两种三维数据的误差大小和误差方向，通过冷暖色差直观地展示出来。

4. 实物制造

在逆向工程中，实物制造环节与正向工程中的实物制造没有本质区别，同样可以采用数控加工、模具制造及快速成型技术等工艺。快速成型技术就是通常所说的 3D 打印技术，快速成型技术是制造技术的一次飞跃，它从成型原理层面提出了一个全新的思维模式。

产品成型之后，一个必不可少的环节就是要对产品进行检测，传统检测手段是利用直尺、游标卡尺、千分尺等量具对零件上的各个尺寸进行测量对比，效率低、精度低、稳定性差，检测结果与操作者的技术水平直接相关。采用三坐标测量仪对产品或零件进行检测，能够有效避免传统检测手段的弊端，并能实现自动化检测。

随着光学三维扫描设备精度的提高，对实物产品的检测也可以通过 Geomagic Control 软件来实现。检测原理就是将实物产品进行三维扫描，并将扫描数据和产品的 CAD 模型一起导入 Geomagic Control 软件进行对比。

5.2.3　逆向工程的数据采集技术

数据采集是指通过特定的测量方法和设备，将物体表面形状转换成几何空间坐标点，从而得到逆向建模及尺寸评价所需数据的过程。选择快速而精确的数据采集系统，是实现逆向设计的前提条件，它在很大程度上决定了所设计产品的最终质量，以及设计的效率和成本。常见的数据采集系统有多种形式，采集原理不同，所能达到的精度、数据采集效率及所需投入的成本也不同，一般需要根据所设计产品的类型作出相应的选择。

根据采集时测头是否与被测量零件接触，可将采集方法分为接触式和非接触式两大类。其中，接触式采集设备根据所配测头的类型不同，又可以分为触发式和连续扫描式两类。而非接触式采集设备则与光学、声学、电磁学等多个领域有关，根据其工作原理不同，可分为光学式和非光学式两种。前者包括三角形法、结构光法、激光干涉法、计算机视图法等，后者则包括 MIRI 测量法、CT 测量法、层切法、超声波法等，如图 5-2 所示。

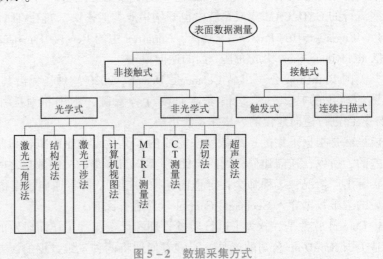

图 5-2　数据采集方式

1. 接触式数据采集方法

接触式数据采集方法通过传感测量设备与样件的接触来记录样件表面的坐标位置。接触式数据采集方法主要用于基于特征的 CAD 模型的检测，特别是对仅需少量特征点的、由规则曲面模型组成的实物进行测量与检测。该方法的优点是测量数据不受样件表面光照、颜色及曲率因素的影响，对物体边界的测量相对精确，测量精度高；缺点是逐点测量，测量速度慢，不能测量软质材料和超薄型物体，对曲面上探头无法接触的部分不能进行测量，应用范围受到限制，测量过程需要人工干预，接触力大小会影响测量值，测量前后需做测头半径补偿等。接触式数据采集方法主要包括触发式和连续扫描式数据采集。

（1）触发式数据采集方法

当采样测头的探针刚好接触样件表面时，探针尖因受力产生微小变形，触发采样开关，使数据系统记录下探针尖的即时坐标，逐点移动，直到采集完样件表面轮廓的坐标数据。触发式数据采集方法一般适用于样件表面形状检测，或需要数据较少的表面数字化的情况。

（2）连续扫描式数据采集方法

连续扫描式数据采集是利用测头探针的位置偏移所产生的电感或电容的变化，进行机电模拟量的转换。当采样探头的探针沿样件表面以一定速度移动时，会发出对应各坐标位置偏移量的电流或电压信号。连续扫描式数据采集方法适用于生产车间环境的数字化，它能保证在较短的测量时间内实现最佳的测量精度。

（3）接触式数据采集设备

在接触式测量设备中，三坐标测量机（CMM）是应用最为广泛的一种测量设备。

1）三坐标测量机的结构。三坐标测量机主要由工作台、移动桥架、中央滑台、Z轴、测头、电子系统及相应的计算机数据处理系统组成，如图5-3所示。

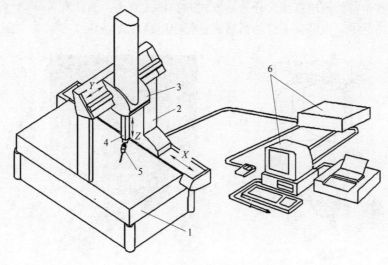

图5-3　三坐标测量机的结构

1—工作台；2—移动桥架；3—中央滑台；4—Z轴；5—测头；6—电子系统

2）三坐标测量机的工作原理。该设备在三个方向上均装有高精度的光栅尺和读数头，通过相应的电气控制系统使其沿相应的导轨方向移动，通过测头对被测零件进行接触式扫描，从而达到数据采集的目的，再利用相应的软件处理，完成零部件的测量或扫描工作。三坐标测量机的通用性强，测量机的测头能够接触或感受到的地方，都能准确地测量出它们的几何尺寸和相互位置关系。

3）三坐标测量机的主要机型。三坐标测量机有桥式、龙门式、关节臂式等，如图5-4所示。

桥式测量机承载力较大，开放性较好，精度较高，是目前中小型测量机的主要结构形式。龙门式测量机一般作为大中型测量机，要求有好的地基，其结构稳定、刚性

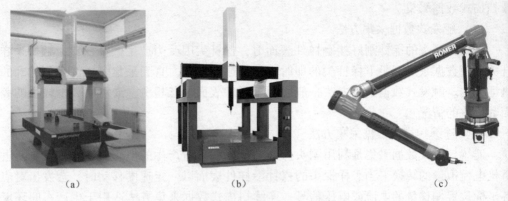

图 5-4　三坐标测量机的主要机型

（a）桥式；（b）龙门式；（c）关节臂式

好。关节臂式测量机移动方便。

4）三坐标测量机的测头系统。测头系统是测量机的核心部件，如图 5-5 所示，能确保测量机的精度达到 0.1 μm。测头系统包括测座、测头、测针三部分。测座分为手动、机动和全自动测座；测头分为触发式和扫描式测头；测针有各种类型，如针尖、球头、星形测针等。大部分工件的精密测量都使用触发式测头。

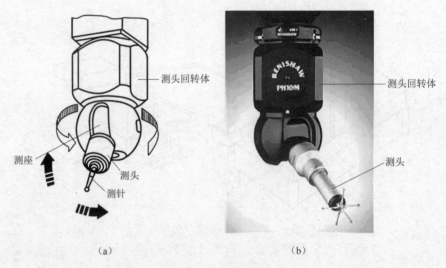

图 5-5　测头系统

（a）二维测头回转示意图；（b）PH10M 回转测头实物照片

5）三坐标测量机的计算机数据处理系统。计算机数据处理系统主要包括通用测量模块、专用测量模块、统计分析模块和各类补偿模块。通用测量模块的作用是完成整个测量系统的管理，包括测头的校正、坐标系的建立与转换、几何元素的测量、几何公差评价、输出文本检测报告。专用测量模块一般包括齿轮测量模块、凸轮测量模块和叶片模块。统计分析模块一般用于工厂对一批工件测量结果的平均值、标准偏差、变化趋势、分散范围、概率分布等进行统计分析，可以对加工设备的能力和性能进行分析。补偿模块包含半径补偿模块、垂直度误差补偿模块等，主要用于误差补偿，以提高测量精度。

2. 非接触式光学扫描

非接触式光学扫描方法由于其高效性和广泛的适用性，以及克服了接触式测量的一些缺点，在逆向工程领域应用和研究日益广泛。非接触式扫描设备是利用某种与物体表面发生相互作用的物理现象，如光、声和电磁等，来获取物体表面的三维坐标信息。其中，以应用光学原理发展起来的测量方法应用最为广泛，如激光三角法、结构光法等。由于其测量迅速，并且不与被测物体接触，因而具有能测量柔软质地物体等优点，越来越受到欢迎。

（1）激光三角法

激光三角法根据光学三角测距原理，利用光源和光敏元件之间的位置和角度关系来计算被测物体表面点的坐标数据。用一束激光以某一角度聚焦在被测物体表面，然后从另一角度对物体表面上的激光光斑成像，物体表面激光照射点的位置高度不同，所接受散射或反射光线的角度也不同，用电荷耦合元件（Charge Coupled Device，CCD）光学探测器测出光斑像的位置，就可以计算出主光线的角度，从而计算出物体表面激光照射点的位置高度。当物体沿激光线方向发生移动时，测量结果就会发生改变，从而实现用激光测量物体的位移。激光三角法原理如图 5-6 所示。

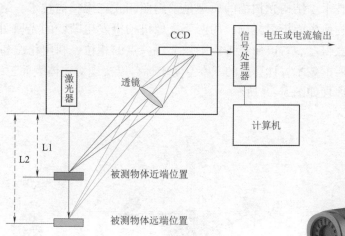

图 5-6 激光三角法原理

采用激光三角法原理制造的手持式激光扫描仪如图 5-7 所示。

手持式激光扫描仪通常包括光源（激光或白光等）、结构光投影器、工业相机（两个或以上）、用于进行三维数字图像处理的计算单元，以及用于标定上述设备的标定板及标记点等附件。工业相机基于机器视觉原理获得物体的三维数据，利用标记点信息进行数据自动拼接，实现基础的三维扫描和测量功能。该扫描仪不需要任何关节臂的支持，只需通过数据线与普通计算机或者笔记本电脑相连接，就可以手持该扫描仪任意自由度地对文物、汽车内饰件、鞋模、玩具等进行

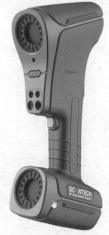

图 5-7 手持式
激光扫描仪

扫描，从而快速、准确并且无损地获得物体的整体三维数据模型，达到质量检测、现场测绘与逆向 CAD 造型、模拟仿真和有限元分析的目的。

手持式激光扫描仪的特点如下。

1）不需要其他外部跟踪装置，如 CMM、便携式测量臂等。

2）利用反射式自粘贴材料进行自定位。

3）便携式设计，具有质量和体积小、运输方便的特点，因而不受扫描方向、物件大小及狭窄空间的局限，可实现现场扫描。

4）扫描过程在计算机屏幕上同步呈现三维数据，边扫描边调整；通过对定位点的自动拼接，可以做到整体 360°扫描一次成型，同时避免漏扫盲区。

5）直接以三角网格面的形式录入数据，由于没有使用点云重叠分层，避免了对数据模型增加噪声点；而且采用基于表面最优运算法则的技术，扫描得越多，数据获取就越精确。

6）数据输出时，自动生成高品质的 STL 多边形文件，马上可以输入 CAD 软件及快速成型机和一些加工设备；同时兼容多种逆向软件，可以生成各种 CAD 格式文件。

（2）结构光法

结构光扫描是集结构光技术、相位测量技术、计算机视角技术于一体的复合三维非接触式测量技术。结构光扫描的原理是采用照相式三维扫描技术，结合相位和立体视觉技术，在物体表面投射光栅，用两架摄像机拍摄发生畸变的光栅图像，利用编码光和相移方法获得左、右摄像机拍摄图像上每一点的相位。利用相位和外极线实现两幅图像上点的匹配技术，计算点的三维空间坐标，以实现对物体表面三维轮廓的测量。结构光法测量原理如图 5-8 所示。

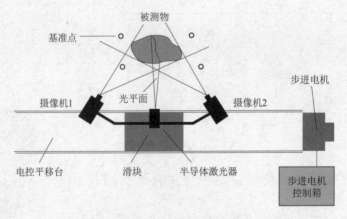

图 5-8　结构光法测量原理

基于结构光法的扫描设备是目前测量速度最快和精度最高的扫描测量系统，特别是随着分区测量技术的进步，光栅投影测量的范围不断扩大，成为目前逆向测量领域中使用最广泛和最成熟的测量系统。采用结构光法制造的典型设备是拍照式三维扫描仪，如图 5-9 所示。

拍照式三维扫描仪的主要组成部分包括光栅发射器（用于投射光栅）、CCD 相机（用于拍摄图像）和三脚架（用于安装、固定扫描仪）。

图 5 − 9　拍照式三维扫描仪

拍照式三维扫描仪的技术特点如下。

1）扫描精度高、数据量大，在光学扫描过程中可产生极高密度的数据。

2）扫描速度快，单面扫描时间只需要几秒。

3）非接触式扫描，适合任何类型的物体，除可以覆盖接触式扫描的使用范围外，还可用于对柔性、易碎物体的扫描，以及难于接触或不允许接触的扫描场合。

4）测量过程中可实时显示摄像机拍摄的图像及得到的三维数据，具有良好的软件界面。

5）测量结果可输出 ASC 点云文件格式，与相关软件配合，可得到 STL、IGES、OBJ、DXF 等各种数据格式。

6）使用方便，操作简单，对操作人员技术水平要求较低。

（3）激光干涉法

激光干涉法是利用激光干涉现象来进行测量的一种方法。当两束激光波在空间中叠加时，会产生干涉现象，形成明暗相间的干涉条纹。这些干涉条纹的位置取决于两束激光波的相位差。因此，通过测量干涉条纹的位置可以确定两束激光波的相位差，进而得出被测量的信息。

（4）计算机断层扫描成像技术（CT 测量法）

通过对产品实物进行层析扫描后，获得一系列断层图像切片和数据。通过切片和数据提供的工件截面及其内部机构的完整信息，可以测量物体表面、内部和隐藏结构特征。工业 CT 是目前最先进的非接触式测量方法，已在航空航天、军事工业、核能、石油、电子、机械、考古等领域广泛应用。其缺点是空间分辨率较低，获得数据需要较长的时间，重建图像计算量大，造价高等。

（5）核磁共振（MIRI）测量法

用磁场来标定物体某层面的空间位置，然后用射频脉冲序列照射，当被激发的原子核在动态过程中自动恢复到静态场的平衡时，会把吸收的能量发射出来，利用线圈检测这种信号并输入计算机，经过处理转换，在屏幕上显示图像。此种方法可以深入物体内部测量且不破坏物体，对工件没有损坏，但仪器造价高，空间分辨率不及 CT 测量法，目前仅适用于生物材料的测量。

（6）层切法

以极小的厚度逐层切削实物，获得一系列断面图像数据，利用数字图像处理技术进行轮廓边界提取后，再经过坐标标定、边界跟踪等处理得到截面上各轮廓点的坐标值。逐层切削扫描法是目前断层测量精度最高的方法，但此种方法会破坏被测实物。

3. 接触式与非接触式数据采集设备优缺点对比

接触式与非接触式数据采集设备优缺点对比如表 5-3 所示。

表 5-3　接触式与非接触式数据采集方法优缺点对比

设备	方式	优点	缺点	备注
三坐标测量机	接触式	精确度高；可直接测量工件的特定几何特性	速度慢、需半径补偿、接触力大小影响测量值、接触力造成工件及探头表面磨损	
光学扫描仪	非接触式	速度快；不必做探头半径补偿；无接触力，不伤害精密工件表面，可测量柔软工件等	精度一般、陡峭面不易测量、激光照射不到的地方无法测量、工件表面明暗程度会影响测量的精度	
断层扫描仪	非接触式	测量有内腔及其他可测量性较差的样件	会破坏被测物体	
工业 CT 测量机	非接触式	测量物体内部结构与外形轮廓	测量精度很低，一般在 0.1 mm 数量级；设备价格昂贵	

各种数据采集设备都有一定的局限性。因此，在选择设备时必须注意以下几点。

1）测量设备整体精度是否满足要求。

2）测量速度是否足够快，工作效率是否足够高。

3）测量时是否需要借助其他工具，如标记点、显影剂等。

4）操作的方便性，是否对操作者要求较高。

5）投入成本以及后期的维护成本。

6）测量是否会破坏产品。

7）数据输出的格式及与其他后续处理软件的接口是否完整。

综合考虑产品的自身特性、精度要求、制造材质等多项因素之后，在满足使用要求的基础上对设备进行合理的评估和选择。基于自身特点，集成各种数字化方法和传感器，以扩大测量对象和逆向工程技术的应用范围，提高测量效率并保证测量精度已成为国内外研究的趋势和重点。

5.2.4　逆向工程的数据处理技术

随着逆向工程及其相关技术理论研究的深入，其成果的商业化应用也逐渐受到重视，而逆向工程技术应用的关键是开发专用的逆向工程软件及结合产品结构设计软件。

Geomagic Wrap 由美国 Raindrop 公司出品，2013 年被 3D Systems 收购，其拥有强大的点云处理能力，能够轻易地从扫描所得的点云数据创建完美的多边形模型和网格，并可自动转换为 NURBS 曲面，可直接用于 3D 打印、制造、艺术和工业设计等。

该软件是除 Imageware 外应用最为广泛的逆向工程软件，是目前进行点云处理与三维曲面构建功能最强大的软件。Geomagic Wrap 软件界面如图 5-10 所示。鼠标应用如表 5-4 所示。

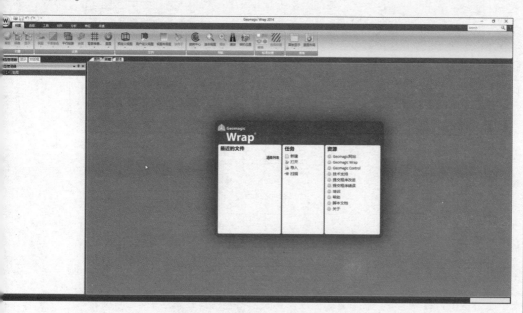

图 5-10　Geomagic Wrap 软件界面

表 5-4　鼠标应用

示意	操作	功能
	左键	在图形区域的活动对象上选择区域
	Ctrl+左键	取消选择区域
	Alt+左键	移动光源
	Shift+左键	激活模型（当同时处理几个模型时）
	滚轮或中键	缩放
	Ctrl+中键	设置多个激活模型（必须是同样的数据类型）
	Alt+中键	平移
	Shift+Ctrl+中键	在当前平面上移动模型
	右键	单击获得快捷菜单
	Ctrl+右键	旋转
	Alt+右键	平移
	Shift+右键	缩放

Geomagic Wrap 软件提供了四大数据模块，包括基础模块、点处理模块、多边形处

理模块、精确曲面模块。工作流程如图 5 – 11 所示。

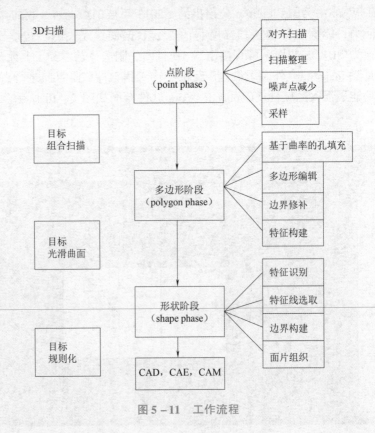

图 5 – 11　工作流程

四大数据模块的作用如下所示。

（1）基础模块

基础模块的主要作用是提供基础操作环境，包括文件保存、显示控制、数据结构等。

（2）点处理模块

1）优化扫描数据（去除体外孤点、减少噪声等）。

2）拼接多个扫描数据。

3）降低数据密度。

4）将扫描数据封装成三角面片。

（3）多边形处理模块

1）清除、删除钉状物，减少噪点光顺三角网格。

2）简化三角面片数目。

3）自动填充模型中的孔，并清除不必要的特征。

4）加厚、抽壳、偏移三角网格。

5）创建、编辑边界。

（4）精确曲面模块

1）自动拟合曲面。

2）编辑处理轮廓线。

3）构建曲面片，并对曲面片进行移动、松弛等处理。

Geomagic Wrap 软件常用命令如表 5-5 所示。

表 5-5　常用命令

序号	命令图标	功能
1		着色：为了更加清晰、方便地观察点云的形状，对点云进行着色
2		选择断开组件连接：指同一物体上具有一定数量的点形成点群，并且彼此间分离
3		选择体外弧点：选择与其他绝大多数的点云具有一定距离的点（敏感性：低数值选择远距离点，高数值选择的范围接近真实数据）
4		减少噪声：因为设备与扫描方法的缘故，扫描数据存在系统误差和随机误差，其中有一些扫描点的误差超出允许的范围，这就是噪声点
5		封装：对点云进行三角面片化
6		填充孔：修补因为点云缺失而造成的漏洞，可根据曲率趋势补好漏洞
7		去除特征：先选择有特征的位置，应用该命令可以去除特征，并使该区域与其他区域形成光滑的连续状态
8		网格医生：集成了删除钉状物、补洞、去除特征、开流形等功能，能够快速处理简单数据

5.2.5　逆向工程模型重建技术

实物的三维 CAD 模型重建是整个逆向工程过程中最关键、最复杂的一环，因为后续的模具设计、数控加工、快速原型制造、虚拟制造仿真、CAE 分析和产品的再设计等应用都需要 CAD 数学模型的支持，这些应用都不同程度地要求重建的 CAD 模型能够准确地还原实物样件。产品模型重构的精度受两个因素的影响，一是设备硬件，包括数字化设备和造型软件；二是操作者的经验，包括测量和造型人员。整个重建过程工作量大、技术性强。目前，成熟的模型重建方法可根据数据类型、测量机的类型、造型方式分类。按数据类型，分为有序点和散乱点的重建；按测量机的类型，分为基于 CMM、激光点云、CT 数据和光学测量数据的重建；按造型方式，分为基于曲线的模型重建和基于曲面的直接拟合。

1. 曲线拟合

曲线是构建曲面的基础，在逆向工程中，对于给定的一组型值点，如果构造出的曲线偏离原始型值点，则称之为逼近或拟合。样条曲线是一条通过一系列型值点的曲线，但有时让样条曲线通过每一型值点时，样条曲线会产生波动。所以，在生成样条曲线时不必强制样条曲线通过每一型值点，而是设定一个允许误差值，根据允许误差值在每一型值点周围划出一个区域，只要样条经过这一区域，就是合乎要求的样条曲线。允许误差值设得越小，生成的样条曲线就越容易产生波动；允许误差值设得越大，样条曲线就会越光顺。但光顺与偏离原始型值点的关系是矛盾的，曲线光顺就要修改原始型值点，但又希望型值点尽量少修改。对这个问题的处理，要根据具体情况来定。

（1）逼近法拟合曲线

首先指定一个允许误差值，并设定曲线控制顶点的数目，用最小二乘法求出一条曲线后，计算测量点到曲线的距离作为点到曲线的误差值。若最大距离大于逼近误差值，则需要增加控制顶点的数目，重新拟合曲线，直到测量点的误差小于逼近误差。

（2）插值法拟合曲线

插值法拟合曲线就是构造一条曲线通过所有测量点。这种方式的优点是曲线与测量点数据的误差为零；缺点是当点数据量过大时，则曲线控制点也相对增多，同时不能除去由于测量带来的坏点（噪声点）。因此，使用插值法拟合曲线时，应先进行数据平滑处理以去除测量坏点。

2. 曲面重建

依据曲面构造，曲面重建主要有两种方法：第一种是以三角 Bezier 曲面为基础的曲面构造方法，其具有构造灵活、边界适应性好的特点。不足之处在于所构造的曲面模型不符合产品描述标准，并与通用的系统通信困难。此外，有关三角 Bezier 曲面的一些计算方法的研究还不太成熟。第二种是以 B 样条或 NURBS 曲面为基础的曲面构造方法，能够在一个系统中严格地以统一数学模型定义产品几何形状，使系统精简，并可采用统一的数据库，易于数据管理。B 样条及 NURBS 曲面表示方法是目前成熟的商品化 CAD/CAM 系统中广泛采用的方法，这类曲面可以应用四边参数曲面片插值、拉伸、旋转、放样（Lofting）或蒙皮（Skin）、扫掠（Sweeping）、混合（Blend）和四边界方法（Boundaries）构造，又称矩形域的参数曲面或四边曲面，以此为基础，已形成一套完整的曲面延伸、求交、裁减、变换、光滑拼接及曲面光顺等算法。

依据造型方式，曲面重建可分为基于曲线的曲面重建方法和基于测量点直接拟合的曲面造型方法。

1）基于曲线的曲面重建方法的原理是在数据分块的基础上，首先由测量点插值或拟合出组成曲面的网格样条曲线，再利用系统提供的放样、混合、扫掠和四边曲面等曲面造型功能进行曲面模型重建，最后通过延伸、求交、过渡、裁减等操作，将各曲面片光滑拼接或缝合成整体的复合曲面模型。

基于曲线的曲面重建方法实际上是通过组成曲面的网格曲线来构造曲面的，是原设计的模拟。在预知曲面特征信息，如原曲面类型、构建方式等时，能准确地获取原模型的几何拓扑特征，对形状规则的物体是一种有效的模型重建方法。如果模型是由自由曲面组成的复合曲面，其几何拓扑信息难以从实物及数据模型中估计，采用基于曲线的曲面重建方法需反复交互选取曲面造型方式，使构建的曲面片满足光滑和精度的要求。

基于曲线的曲面重建方法要求截面扫描测量，截面尽量和曲面的母线或曲面扫掠迹线垂直，测量数据点分布均匀，最好是 U、V 两个方向都进行截面扫描，但在曲面数学模型未知的情况下较难做到。

2）基于测量点直接拟合的曲面造型方法的原理是直接建立满足数据点的插值或拟合曲面，其既能处理规则点也能直接拟合散乱点。它的优点是在大量的数据点上工作，支持面对点的最佳拟合。曲面一般选取 B 样条表示，在曲面重建中，能够构造出作为标准的 B 样条曲面，并且其最终的曲面表达式也较为简洁。

一个有经验的造型人员，在模型重建之前，应详细了解模型的前期信息和后续应用要求。前期信息包括实物样件的几何特征、数据特点（类型、完整性）等；后续应用包括结构分析、加工、制作模具、快速原型等，以选择正确有效的造型方法、支撑软件、模型精度和模型质量。

在实践中，选择哪种造型方法取决于测量数据的类型、模型的几何特征，以及曲面的复杂性。基于曲线的造型方法适用于有序的测量数据，并且外形是以某种确定的造型方式生成的曲面模型。这种方法的不足之处在于，如果曲线分布较密，曲面造型通过所有的曲线不能保证曲面的光滑性；反之，如果选定曲线的数量较少，又难以保证曲面的精度。对曲面片的直接拟合造型来说，数据分块的准确又显得十分重要，用一张曲面片去拟合由两个及两个以上的曲面类型组成的曲面，最终拟合曲面一般都是不光滑的。另外，需要指出的是，这两种方法并不是独立应用的，实际造型时，对同一个实物模型也许会同时选择两种造型方式（针对不同的曲面片）。

3. 基于特征的模型恢复技术

在产品设计过程中，一般以零件的力学性能、流体动力学性能或美观性要求作为设计的评价指标，产品几何形状、造型方法及设计参数的确定必须满足这些设计要求。要使逆向工程产品仍能满足这些要求，就需要在逆向工程 CAD 建模过程中尽量还原产品原始设计参数。原始设计参数还原是逆向工程的基础，如何从测量数据点中确定原始设计参数是一个特征识别问题。参考特征造型的特征定义方法，原始设计参数可定义为几何特征参数、形状特征参数、精度特征参数、性能特征参数、制造特征参数等。

要按照原始设计方案进行逆向工程 CAD 建模，就需要基于测量数据提取产品特征设计参数，并进行特征重构和特征运算，进而完成产品数字化模型重建。与正向设计中的曲面造型方法相对应，在三维模型重建中，实物的几何特征和形状特征识别是建模的关键，它们能为设计者提供准确的几何信息，方便对测量数据直接进行修正以消除误差。单纯依据测量数据，有时会得到错误的模型，如直线的拟合和圆孔直径的确定。对于由直线、圆弧等构成的实物棱线及轮廓特征、等半径倒圆特征、对称特征、孔特征以及由平面、柱、锥、球、环等基本体素拼合而成的零件，特征提取较简单，但对于二次曲线（抛物线）特征、变半径倒圆特征、椭圆孔特征等，特别是具有复杂曲面外形的零件，其外形是由一些基本子曲面通过光滑连接、修整、裁减、过渡拼合而成，其设计和数学模型较为复杂，提取这类特征是特征建模的难点，常用软件包括 CATIA、Geomagic Design X、Geomagic Qualify 等，本书主要使用 Geomagic Design X 进行逆向建模。

5.2.6　逆向工程的应用领域

在制造业领域内，逆向工程技术有着广泛的应用背景，已成为产品开发中不可缺少的一环，其应用领域包括以下几个方面。

1. 新产品研发

在对产品（如汽车、飞机）外观具有特别审美要求的领域，首先需要设计师利用油泥、黏土或木头等材料制作出产品的比例模型，将所要表达的意向以实体的方式表现出来，而后利用逆向工程技术将实体模型转化为 CAD 模型，进而得到精确的数字定义。图 5 - 12 所示为汽车的油泥模型。

图 5 - 12 汽车油泥模型

2. 产品的仿制和改型设计

利用逆向工程技术对现有产品进行表面数据采集、数据处理，从而获得与实物相符的 CAD 模型，并在此基础上进行产品改型和设计、误差分析、生成加工程序等，是常用的产品设计方法。这种设计方法是在借鉴国内外先进设计理念和方法的基础上提高自身设计水平和理念的一种手段，该方法被广泛应用于家用电器、玩具等产品外形的修复、改造和创新设计。产品的仿生设计如图 5 - 13 所示。

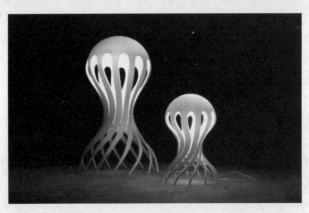

图 5 - 13 仿生设计

3. 快速模具制造

对现有模具进行逆向数据采集，重建 CAD 模型并生成数控加工程序，既可以提高模具的生产效率，又能降低模具的制造成本。还能以实物零件为对象，逆向反求其几何 CAD 模型，并在此基础上进行模具设计。快速模具制造如图 5 - 14 所示。

图 5 – 14　快速模具制造

4. 文物、艺术品的保护、监测和修复

利用逆向工程技术对文物及艺术品进行表面数据采集，将表面数据保存在计算机中以待需要时调取。还可对文物或艺术品进行定期数据采集，通过两次模型的比较，找到破坏点，从而制定相应的保护措施，或者进行相应的修复，如图 5 – 15 所示。

图 5 – 15　文物数据采集

5. 医学领域的应用

逆向工程技术结合 3D 打印技术可以根据人体骨骼和关节的形状进行假体的设计、制作、植入及外科手术规划等。图 5 – 16 所示为骨骼数据采集。

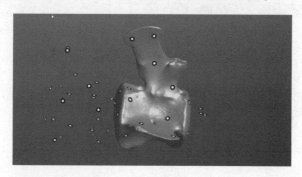

图 5 – 16　骨骼数据采集

综上所述，逆向工程技术是一种以产品的实物、样件、软件作为研究对象，应用现代设计方法、生产工程学、材料学等有关专业知识进行系统分析和研究、探索，掌握其关键技术，进而开发出同类更为先进产品的技术，其已经得到了广泛的应用。逆向工程技术在设计和制造的过程中充分利用计算机辅助设计（Computer Aided Design，CAD）、计算机辅助制造（computer Aided Manufacturing，CAM）、计算机辅助工程（Computer Aided Engineering，CAE）、快速成型技术（Rapid Prototyping Manufacturing，RPM）、产品数据管理（Product Data Management，PDM）及计算机集成制造系统（Computer integrated manufacturing system，CMIS）等先进制造及管理技术，不仅可以消化和吸收实物原型，还可以通过修改和再设计制造新的产品，是一项开拓性、实用性和综合性很强的技术，具有广阔的市场前景。

5.2.7　Geomagic Design X 软件操作

Geomagic Design X 是一款强大的正逆向混合设计软件，具有模型扫描、三维点云处理、三角面片创建编辑、实体建模装配、工程图导出等功能，可无缝连接主流 CAD 软件，包括 Pro/E、Solid Works、UG 和 Auto CAD 等。同时，Geomagic Design X 具有强大的曲面构建方式，如面填补、放样、境界拟合、面片拟合和放样向导等。

Geomagic Design X 基本操作界面由菜单栏、选项卡、工具栏（分为多个工具组）、绘图窗口等部分组成，如图 5－17 所示。

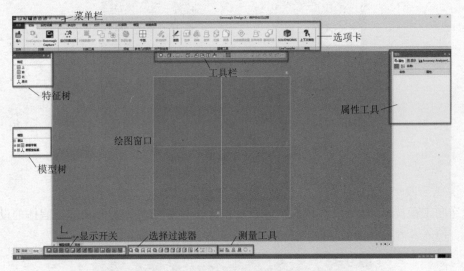

图 5－17　Geomagic Design X 基本操作界面

1. 鼠标操作

Geomagic Design X 使用三键鼠标操作，即鼠标左键、鼠标右键、鼠标中键。具体操作如表 5－6 所示。

表 5 – 6　鼠标操作

模式	光标形状	操作
选择模式		按住鼠标右键并移动鼠标进行视图旋转； 按住 Alt + 鼠标右键并移动鼠标进行视图旋转； 按住 Ctrl + 鼠标右键并移动鼠标进行视图移动； 滚动鼠标中键滚轮进行视图缩放； 按住 Shift + 鼠标右键并移动鼠标进行视图缩放
视图模式		按住鼠标左键或右键并移动鼠标进行视图旋转； 按住 Alt + 鼠标左键或右键并移动鼠标进行视图旋转； 按住 Ctrl + 鼠标左键或右键并移动鼠标进行视图移动； 滚动鼠标中键滚轮进行视图缩放； 按住 Shift + 鼠标左键或右键并移动鼠标进行视图缩放

　　通过单击鼠标中键，可在选择模式和视图模式中进行切换。在视图模式中，不能进行选择编辑，可以通过直接按住鼠标左键或右键并移动鼠标进行视图旋转，也可按住 Alt + 鼠标左键或右键并移动鼠标进行视图旋转；按住 Ctrl + 鼠标左键或右键并移动鼠标进行视图移动；按住 Shift + 鼠标左键或右键并移动鼠标进行视图缩放。视图模式中的鼠标功能可在编辑模式中以 Alt/Ctrl/Shift + 鼠标右键实现。

　　在选择模式中，可通过单击对象进行选择，还可按住鼠标左键并拖动鼠标进行框选，也通过特征树进行对象选择。

2. 快捷键

表 5 – 7 是 Geomagic Design X 中常用的部分快捷键。

表 5 – 7　Geomagic Design X 中常用快捷键

类型	命令	快捷键
菜单操作命令	新建	Ctrl + N
	打开	Ctrl + O
	保存	Ctrl + S
	选择所有	Ctrl + A；Shift + A
	撤销	Ctrl + Z
	恢复	Ctrl + Y
	命令重复	Ctrl + Space

类型	命令	快捷键
视图操作命令	实时缩放	Ctrl + F
	面片	Ctrl + 1
	领域	Ctrl + 2
	点云	Ctrl + 3
	曲面体	Ctrl + 4
	实体	Ctrl + 5
	草图	Ctrl + 6
	3D 草图	Ctrl + 7
	参照点	Ctrl + 8
	参照线	Ctrl + 9
	参照平面	Ctrl + 0
	法向	Ctrl + Shift + A
	前视图	Alt + 1
	后视图	Alt + 2
	左视图	Alt + 3
	右视图	Alt + 4
	俯视图	Alt + 5
	仰视图	Alt + 6
	等轴测视图	Alt + 7

3. 工具栏

Geomagic Design X 的工具栏包括数据显示模式、视点选项与选择工具等，如图 5 - 18 所示，图片旁边有倒立小三角的，表示里面包含工具组，可以通过单击倒立小三角按钮显示下拉列表。

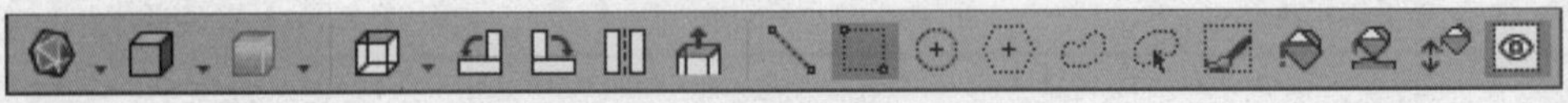

图 5 - 18　Geomagic Design X 工具栏

（1）面片显示

"面片显示"主要用来更改面片的渲染模式，其主要包括"点集""线框""渲染""边线渲染""曲率""领域""几何形状类型" 7 个命令，如表 5 - 8 所示。

表 5 – 8　面片显示

命令	图标	功能
点集		面片仅显示为单元点云
线框		面片仅显示为单元边界线
渲染		面片显示为渲染的单元面
边线渲染		面片显示为单元边界线的渲染单元面
曲率		打开或关闭面片曲率图的可见性
领域		打开或关闭领域的可见性
几何形状类型		改变领域显示，将所有领域类型进行不同颜色的分类

（2）体显示

"体显示"可用来更改实体的显示模式，其主要包括"线框""隐藏线""渲染"
"渲染可见的边界线"4 个命令，如表 5 – 9 所示。

表 5 – 9　体显示

命令	图标	功能
线框		仅显示物体的边界线
隐藏线		将边界线显示为虚线
渲染		只进行没有边界线的渲染
渲染可见的边界线		显示个体的面与可见的边界线

（3）精度分析

"精度分析"用于实体或曲面模型与原扫描数据进行比较。在"建模"命令或基
建模式中将其激活，使用此命令进行建模决策能取得最精确的结果，其主要包括"体
偏差""面片偏差""曲率""曲率梳状线""连续性""等值线""环境写像"7 个命
令，如表 5 – 10 所示。

表5-10　精度分析

命令	图标	功能
体偏差		比较实体或曲面与扫描件数据的偏差
面片偏差		比较面片与扫描数据的偏差
曲率		分析用于可定义特征并绘制模型结果中高曲率区域的实体或曲面
曲率梳状线		分析高曲率区域的实体或曲面
连续性		显示边线连续性质量
等值线		显示定义曲面的等值线
环境写像		在曲面上显示连续性的斑马线

（4）视点

"视点"工具主要包括"视图方向""逆时针方向旋转视图""顺时针方向旋转视图""翻转视点""法向"等5个命令，如表5-11所示。

表5-11　视点

命令	图标	功能
视图方向		利用"视图方向"工具组可以快捷地显示所有标准视图，即前视图、后视图、左视图、右视图、俯视图、仰视图、等轴侧视图
逆时针方向旋转视图		逆时针旋转模型视图90°
顺时针方向旋转视图		顺时针旋转模型视图90°
翻转视点		翻转当前视图方向180°
法向		视图垂直于选择的曲面

（5）选择

"选择"工具用于不同形状选项的切换，主要包括"直线""矩形""圆""多边形""套索""自定义领域""画笔""涂刷""延伸到相似""仅可见"等10个命令，如表5-12所示。

表 5 – 12 选择

命令	图标	功能
直线		选择屏幕上的要素画直线
矩形		选择屏幕上的要素画矩形
圆		选择屏幕上的要素画圆
多边形		选择屏幕上的要素画多边形
套索		选择屏幕上的要素手动画曲线
自定义领域		选择用户选取部分的单元面
画笔		选择屏幕上的要素手动画轨迹
涂刷		选择所有连接的单元面
延伸到相似		通过相似曲率选择连接的单元面区域
仅可见		选择当前视图对象的可见性

4. 显示开关

显示开关能将不同数据类型进行显示与隐藏，在建模过程中，由于数据类型比较多，且相互交错，会影响操作者观察，降低效率。通过"显示开关"可以方便地将一些暂时不需要显示的数据类型进行隐藏，便于操作，如表 5 – 13 所示。

表 5 – 13 显示开关

命令	图标	功能
面片		面片显示与隐藏
领域		领域显示与隐藏
点云		点云显示与隐藏

命令	图标	功能
曲面		曲面显示与隐藏
实体		实体显示与隐藏
草图		草图显示与隐藏
3D 草图		3D 草图显示与隐藏
参照点		参照点显示与隐藏
参照线		参照线显示与隐藏
基准面		基准面显示与隐藏
参照多段线		参照多段线显示与隐藏
参照坐标系		参照坐标系显示与隐藏
测量		测量显示与隐藏

5. 选择过滤器

在应用程序中，可以利用"选择过滤器"选择创建出面片、领域、实体、面、边、草图、尺寸等。"选择过滤器"可以仅选择目标特征，并且在任意一种命令或选择模式下可以直接应用，也可以在模式显示区右击，直接选取过滤的元素，如表 5 – 14 所示。

表 5 – 14　选择过滤器

命令	图标	功能
面片/点云		仅选择面片和点云
领域		仅选择领域
单元面		仅选择单元面
面片境界		仅选择面片境界

学习笔记

命令	图标	功能
体		仅选择体
面		仅选择面
环形		仅选择环形
边线		仅选择边线
顶点		仅选择顶点
参照几何		仅选择参照几何
草图		仅选择草图
约束条件		仅选择约束条件

6. 特征树

需要重新编辑更改特征时，可以双击特征，也可以选中某一特征右击，在下拉列表中选择"编辑"命令，若删除特征，则关联特征也将失效。特征的顺序可通过拖动特征来更改，在编辑菜单中选择"前移""后移""移至最后"命令返回到特征树的指定位置。

7. 模型树

模型树可以用来选择和控制特征实体的可见性，单击"显示/隐藏"按钮可以在隐藏和显示之间切换。

8. 选项卡

(1)"初始"选项卡

此选项卡的主要作用是给软件操作人员提供基础的操作环境，包含的主要功能有文件打开与存储、对点云或多边形数据采集方式的选择、建模数据实时转换到正向建模软件中，以及帮助选项等，如图 5-19 所示。

图 5-19　"初始"选项卡

（2）"模型"选项卡

"模型"选项卡下命令的主要作用是对实体模型或曲面进行编辑与修改，如图5-20所示，包含的主要功能如下。

1）创建实体（曲面）："拉伸""回转""放样""扫描""基础实体"（或曲面）。

2）进入"面片拟合""放样向导""拉伸精灵""回转精灵""扫掠精灵"等快捷向导命令。

3）构建参照坐标系与参照几何图形（点、线、面）。

4）编辑实体模型，包括"布尔运算""圆角""倒角""拔模"，建立薄壁实体等。

5）编辑曲面包括"剪切曲面""延长曲面""缝合曲面""偏移曲面"等。

6）阵列包括"镜像""线性阵列""圆周阵列""曲线阵列"。

7）体/面包括"转换体""删除体""添加面""移除面"。

图5-20　"模型"选项卡

（3）"草图"选项卡

"草图"选项卡的作用是进入草图模式，包括草图与面片草图两种操作形式，如图5-21所示。草图是在已知平面上直接绘制草图，相当于正向设计时的二维图形绘制，面片草图是通过定义一平面截取面片数据的截面线为参考进行草图绘制。其包含的主要功能如下。

1）绘制直线、矩形、圆弧、圆、样条曲面等。

2）选用剪切、偏置、要素变换、整列等常用绘图命令。

3）设置草图约束条件，设置样条曲线的控制点。

图5-21　"草图"选项卡

（4）"3D草图"选项卡

"3D草图"选项卡的作用是进入3D草图模式，包括3D草图与3D面片草图两种形式，如图5-22所示。其包含的主要功能如下。

图5-22　"3D草图"选项卡

1）绘制样条曲线。

2）对样条曲线进行剪切、延长、分割、合并等操作。

3）提取曲面片的轮廓线，构造曲面片网格与移动曲面组。

4）设置样条曲线的终点、交叉与插入的控制数。

（5）"对齐"选项卡

"对齐"选项卡下的命令主要用于将模型数据进行坐标系的对齐，如图 5 - 23 所示。包含的主要功能如下。

1）对齐扫描得到的面片或点云数据。

2）对齐面片与世界坐标系。

3）对齐扫描数据与现有的 CAD 模型。

图 5 - 23　"对齐"选项卡

（6）"精确曲面"选项卡

"精确曲面"选项卡的主要作用是通过提取轮廓线、构造曲面网格，从而拟合出光顺、精确的 NURBS 曲面，如图 5 - 24 所示。包含的主要功能如下。

1）自动曲面化。

2）提取轮廓线，自动检测并提取面片上的特征曲线。

3）绘制特征曲线，并进行剪切、分割、平滑等处理。

4）构造曲面片网格。

5）移动曲面片组。

6）拟合曲面。

图 5 - 24　"曲面创建"选项卡

（7）"领域"选项卡

此模块的主要作用是根据扫描数据的曲率和特征将面片划分为不同的几何领域，如图 5 - 25 所示。包含的主要功能如下。

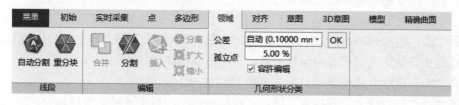

图 5 - 25　"领域"选项卡

1) 自动分割领域。

2) 重新对局部进行领域划分。

3) 手动合并、分割、插入、分离、扩大与缩小领域。

4) 定义划分领域的公差与孤立点比例。

5.3 任务实施

5.3.1 叶轮数据采集与处理

1. 手持式激光扫描仪概述

手持式激光扫描仪的原理及特点见5.2.3，此处不再赘述。手持式激光扫描仪的组成如图5-26所示。

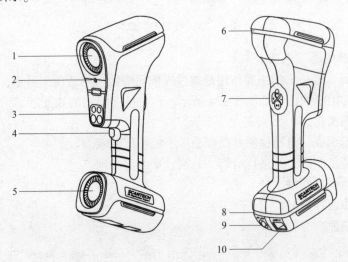

1—相机A；2—指示激光器；3—激光发射器；4—前置按键；
5—相机B；7—后置按键；6，8—指示灯带；
9—USB线缆电源接口；10—USB线缆Type B接口

图5-26 手持式激光扫描仪的组成

2. 手持式激光扫描仪设备连接

设备的连接包括将电源连接到扫描仪和将扫描仪连接到计算机等步骤。连接线包括电源适配器连接线及USB线缆。电源适配器为扫描仪提供电源。USB线缆共4个接口，分别连接电脑、电源适配器和扫描仪端，具体连接方式如图5-27所示。

第一步：将USB线缆Type A接口连接到计算机端USB 3.0端口中。

第二步：将USB线缆电源接口及Type B接口分别接入设备对应的接口（连接时应注意线缆接口处箭头指示方向保持一致，否则可能损坏接口）。

第三步：将电源适配器端口接入USB线缆的DC接口中。

第四步：检查以上步骤接入正确后，将电源适配器插头连接电源接口。

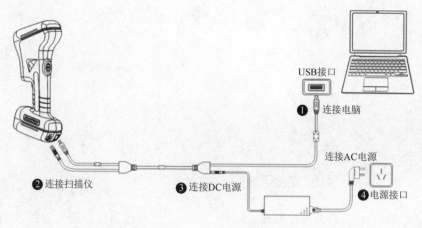

USB接口
① 连接电脑
连接AC电源
② 连接扫描仪　　　**③** 连接DC电源　　　**④** 电源接口

图5-27　手持式激光扫描仪设备连接方式

3. 手持式激光扫描仪操作流程

（1）工件预处理

扫描仪是使用激光探测进行扫描的，因此，当被检测物体材质或表面颜色属于下列情况时，扫描结果会受到一定的影响。

透明材质：如玻璃，若待扫描工件为玻璃材质，由于激光会穿透玻璃，将使相机无法准确捕捉到玻璃所在的位置，因而无法对其进行扫描。

渗光材质：如玉石、陶瓷等，对于玉石、陶瓷等材质工件，激光线投射到物体表面时会渗透进物体内部，导致相机所捕捉到的激光线位置并非物体表面轮廓，从而影响扫描数据精度。

高反光材质：如镜子、金属加工高反光面等，高反光材质会对光线产生镜面反射，从而导致相机在某些角度无法捕捉到其反射光，因此无法获得这些照射条件下的扫描数据。

其他会影响激光漫反射效果的材质或颜色：如深黑色物体，由于深黑色物体吸光，会使反射到相机的光线信息变少，进而影响扫描效果。

若要对以上材质的工件进行扫描，则在扫描前需要在工件表面喷涂反差增强剂，使工件可以对照射在其表面的激光进行漫反射。

（2）贴点

全局摄影测量操作中的"贴点"指在被测物体上粘贴编码标记点和反光标记点。

粘贴反光标记点的要求：每两颗标记点之间距离30～250 mm，具体距离要根据工件实际情况确定。如果表面曲率变化较小，距离可以适当大一些，最大距离为250 mm，如果工件特征较多，曲率变化较大，可以适当减小距离，最小距离为30 mm，如图5-28所示。

注意：所贴标记点要随机分布，避免规律排布。因为扫描仪是通过识别标记点组成的位置结构进行相对定位的，若标记点排布规律，会增大标记点位置读取错误的概率，从而使数据采集错误。

标记点不宜贴在工件边缘。为了保证数据质量精度，工件上贴标记点的位置在最后输出点云数据的时候会被删除，形成一个孔，所以在贴点时，标记点须离开边缘

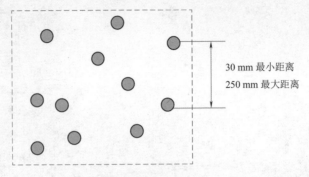

30 mm 最小距离

250 mm 最大距离

图 5-28 贴点

2 mm 以上，便于后期数据修补处理。此外，贴标记点时还需注意避免弄脏、隐藏或损坏标记点。若是需要喷粉的工件，则应先喷粉，后贴点。粘贴编码标记点的要求如下。

1）编码标记点随机分布，避免排列成规则的直线。

2）拍摄时每张图至少能够出现 6 个清晰的编码标记点。合适的、易于拍摄的位置必须放置足够的编码标记点。但也不是放得越多越好，太多反而会降低计算精度。

3）编码标记点不能与反光标记点重叠放置，不同编码标记点也不能重叠放置。

（3）快速标定

1）扫描仪连接好后需要使用快速标定板对设备进行快速标定。操作时使标定板两边的标签方向正对使用者。使用者沿红色箭头方向轻微用力推送，打开左右两侧的标定板，如图 5-29 所示。

图 5-29 标定板

2）在 ScanViewer 扫描软件中单击"快速标定"按钮，弹出"快速标定"界面如图 5-30 所示。

3）将标定板放置在稳定的平面，使扫描仪正对标定板，距离 400 mm 左右，按下扫描仪开关键，发出激光束（以 7 条平行激光为例），如图 5-31 所示。

4）控制扫描仪角度，调整扫描仪与标定板的距离，使左侧的阴影圆重合；在保证左侧阴影圆基本重合的状态下，不改变角度，水平移动扫描仪，使快速标定界面右侧的梯形阴影重合，然后调整距离符合梯形阴影的大小，如图 5-32 所示。

5）逐渐抬高设备，标定完竖直方向后，进行右侧 45°标定，将扫描仪向右倾斜绕

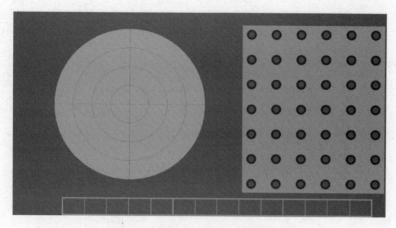

图 5－30　"快速标定"界面

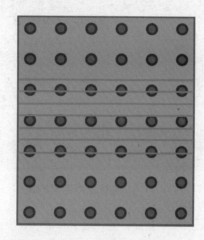

图 5－31　扫描仪激光检查

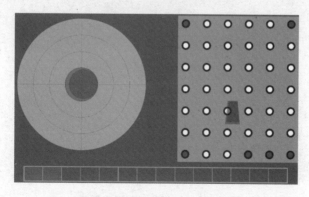

图 5－32　扫描仪正中标定界面

°，激光束保持在第四行与第五行标记点之间，使阴影重合，如图 5－33 所示。

6）右侧标定完成后进行左侧45°标定，将扫描仪向左倾斜约45°，激光束保持在第行与第五行标记点之间，使阴影重合，如图 5－34 所示。

7）左侧标定完后，进行上侧45°标定，将扫描仪向上倾斜约45°，激光束保持在第

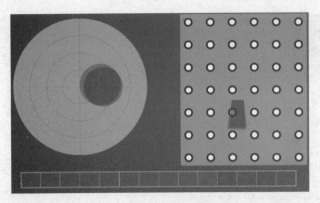

图 5－33　扫描仪右侧标定界面

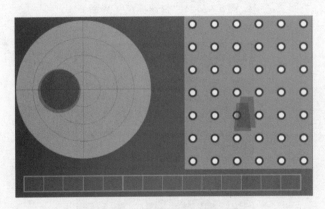

图 5－34　扫描仪左侧标定界面

四行与第五行标记点之间，使阴影重合，如图 5－35 所示。

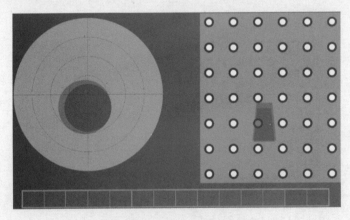

图 5－35　扫描仪后侧标定界面

8）上侧标定完后，进行下侧 45°标定，将扫描仪向下倾斜约 45°，激光束保持在第四行与第五行标记点之间，使阴影重合，如图 5－36 所示。

9）标定完成，结果如图 5－37 所示。

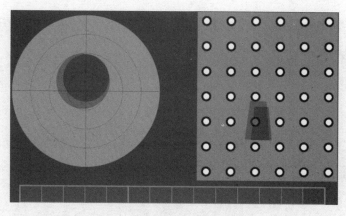

图5-36 扫描仪前侧标定界面

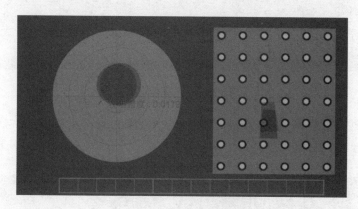

图5-37 标定完成界面

（4）预扫标记点

标定完成后可以开始扫描。扫描时，先对工件表面的标记点进行采集扫描，建立工件的坐标、定位，该步骤称为预扫标记点［可跳过该步骤直接进行扫描激光面（点）扫描］。

预扫标记点的作用是建立工件各个面之间的位置关系，采集定位的标记点，使后续的扫描激光面片（点）环节更容易进行，也使从面到面过渡更方便。

预扫标记点后可以使用软件的"标记点优化"功能进行标记点优化，从而增加扫描的精度。选择"标记点"→"开始"命令，开始预扫标记点，扫描完成后选择"停止"→"优化"命令，如图5-38所示。

预扫标记点时尽可能使用多个角度对标记点进行识别读取，或者可以直接单击"智能标记点"按钮进行扫描（智能标记点扫描无须多个角度）。这样做是为了给标记点优化提供足够的计算数据，标记点优化完成后则可以进行激光面片（点）的扫描。

（5）扫描激光面片（点）

在扫描激光面片（点）之前，需要设置扫描参数（或使用参数的默认值），如扫描解析度、曝光参数设置，扫描控制、高级参数设置，以及专业参数设置等。扫描激光面片（点）时，要注意扫描仪的角度和扫描仪与工件的距离，平稳移动扫描仪，使

图 5 - 38
预扫标记点

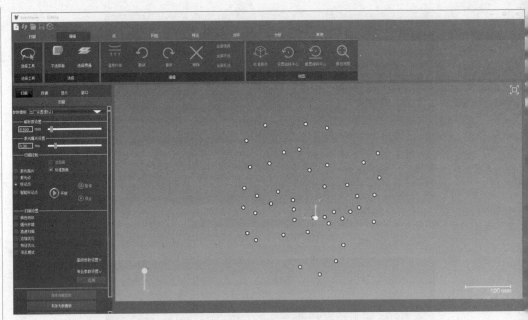

图 5 - 38　预扫标记点

用激光将空白位置数据采集完全即可。扫描完全后单击"停止"按钮，软件开始处理所扫描的数据，等待数据处理完成，激光面片（点）扫描结束，如图 5 - 39 所示。

图 5 - 39
扫描激光
面片数据

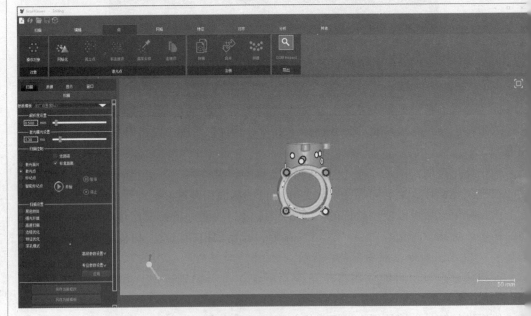

图 5 - 39　扫描激光面片数据

扫描结束后，可以保存为工程文件、激光点文件，也可选择"点"→"网格化"命令进行优化操作。优化完成后，可以将其封装，生成网格文件，如图 5 - 40 所示。

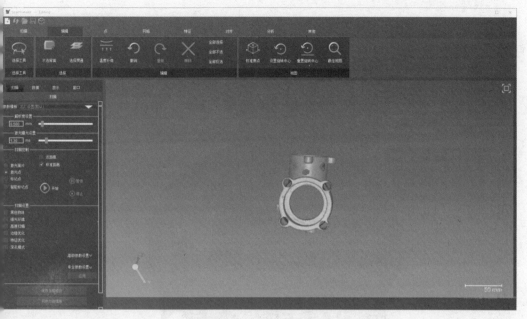

图 5 - 40　网格文件

5.3.2　叶轮三维模型重建

使用 Geomagic Design X 软件完成图 5 - 41 所示叶轮模型的逆向建模。

图 5 - 40　网格文件

1. 数据导入

数据的导入可以通过直接拖动数据到软件绘图窗口完成，也可以单击菜单栏中的"导入" 按钮进行数据导入，如图 5 - 42 所示。

图 5 - 41　叶轮

图 5 - 42　导入叶轮点云数据

2. 对齐坐标

通过观察可以发现，该零件主体为回转体，可以优先考虑利用"千动对齐"中的"3-2-1"对齐方式对齐坐标。在"模型"选项卡中，选择"平面"命令，弹出"追加平面"对话框，在"方法"下拉列表中选择"选择多个点"命令。然后调整视图至底部圆平面，再使用鼠标左键在底部圆平面上单击三个点，创建对齐用平面1，如图5-43所示。

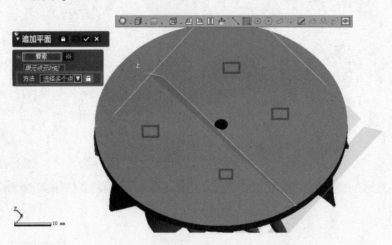

图5-43　创建对齐用平面1

选择"草图"→"面片草图"命令，如图5-44所示。

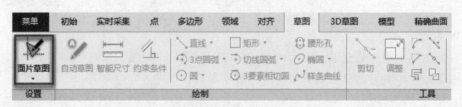

图5-44　选择"面片草图"命令

如图5-45所示，弹出"面片草图的设置"对话框，"Target"选项卡中选择"叶轮"，"基准平面"选项卡中选择"平面1"，并将如图5-45所示的箭头往图示拖动方向拖动1 mm，以获取完整圆形面片草图。

进入草图绘制界面后，利用"圆形"工具拟合叶轮底部圆形草图，需勾选"拟合多段线"复选框，完成圆形草图绘制后单击"√"按钮完成圆形草图绘制，如图5-46所示。

圆形草图绘制完成后，单击"直线"工具选取圆形草图的圆心画一条直线，单击"√"按钮完成直线绘制，再右击对直线进行水平约束，完成约束后将圆形草图删除，草图中仅留下所画直线。完成上述操作后单击"退出"按钮退出草图，结果如图5-47所示。

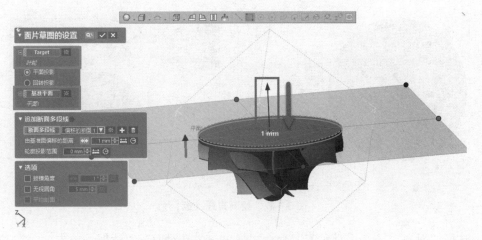

图 5-45 面片草图设置

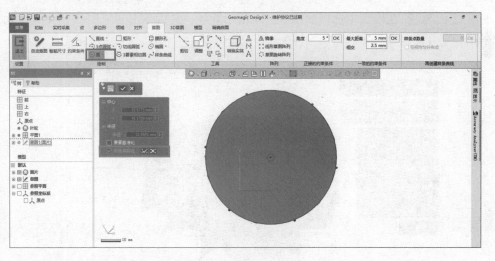

图 5-46 绘制图形草图

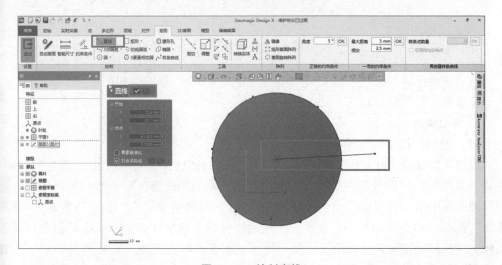

图 5-47 绘制直线

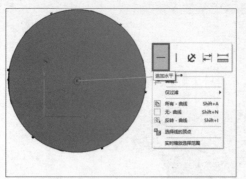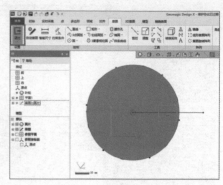

图 5–47　绘制直线（续）

选择"对齐"→"手动对齐"命令，弹出"手动对齐"对话框，单击"➪"按钮进入下一阶段，在"移动"选项区域中，选中"3–2–1"单选按钮，"平面"选择"平面1"，"线"在模型中选择如图 5–48 所示直线，最后单击"√"按钮完成手动对齐操作。

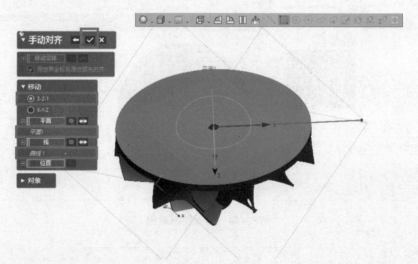

图 5–48　对齐操作

然后将特征树中的"平面1""草图1（面片）"全部删除，如图 5–49 所示。完成对齐后的效果如图 5–50 所示。

3. 模型绘制

（1）绘制叶轮中间回转体

通过观察发现，叶轮的中间部分是一个规则的回转体，可以先做该部分的逆向选择"草图"→"面片草图"命令，弹出"面片草图的设置"对话框，在"叶轮"选项区域中选中"回转投影"单选按钮，"中心轴"同时选择"右""上"平面，"基准平面"选择"右"平面作为绘制平面，然后将鼠标左键放在如图 5–51 所示的回转管头线上，长按左键调整界面角度，使回转体轮廓截取较为完整。最后单击"√"按钮完成草图轮廓的截取，如图 5–51 所示。

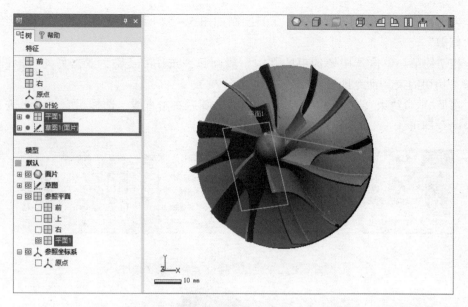

图 5-49 删除 "平面 1" "草图 1 (面片)"

图 5-50 完成对齐后的效果

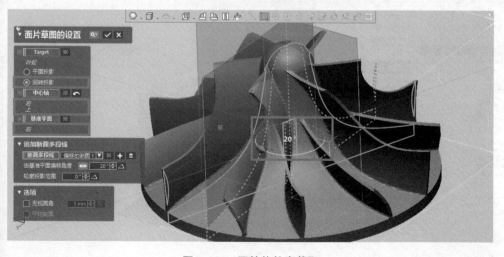

图 5-51 回转体轮廓截取

再用"直线"和"三点圆弧"工具绘制如图5-52所示的边线，并进行适当约束和"修剪"。

相切约束：单击选中要约束的其中一段圆弧，按住Ctrl键，双击另外一段圆弧，选择"相切约束"命令即可。

水平/垂直约束：单击选中要约束的直线，随后右击直线，选择相应"水平垂直约束"命令即可。

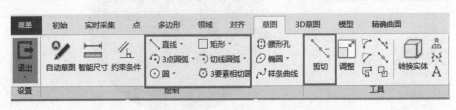

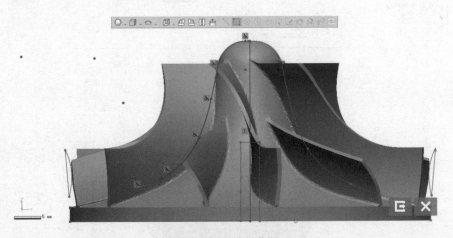

图5-52　绘制草图

选择"模型"→"回转"命令，结果如图5-53所示。

图5-53
回转体建模

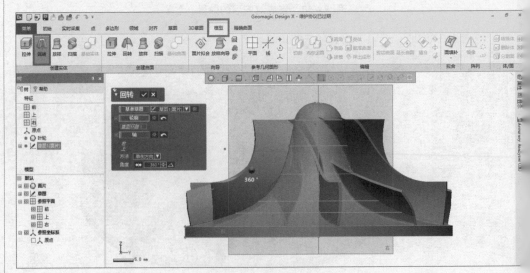

图5-53　回转体建模

（2）绘制叶轮大叶片

切换到"领域"选项卡，在工具栏中选择"智能选择"命令，单击叶轮任意一个大叶片曲面点云任意位置，再选择"领域"选项卡中的"插入"命令，另外一侧按照同样的方法创建，如图 5 – 54 所示。

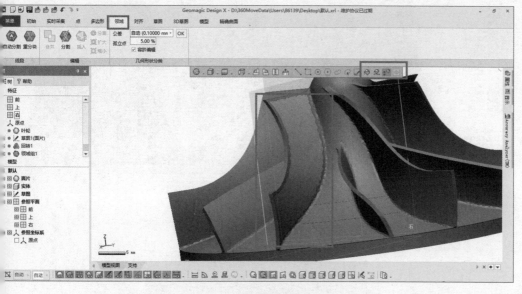

图 5 – 54　侧面领域创建

在"领域"选项卡下，选择"画笔选择模式"命令，通过调整和缩放调整至合适视角，使用画笔对平面领域位置进行选择，再选择"插入"命令，创建其他边领域，如图 5 – 55 所示。

图 5 – 55　其他边领域创建

选择"模型"→"面片拟合"命令，弹出"面片拟合"对话框，在"领域/单元面"选项区域中选择如图 5 – 56 所示的平面领域，鼠标拖动图示平面边框上的点调整拟合平面的尺寸，单击"√"按钮完成平面面片拟合。拟合结果如图 5 – 56 所示。

选择"模型"→"放样向导"命令，弹出"放样向导"对话框，在"领域/单元面"选项区域中选择如图 5 – 57 所示的圆柱领域，"许可偏差"文本框设置为 1 mm，鼠标拖动如图 5 – 57 所示的平面边框上的点，调整拟合曲面至合适尺寸，单击"√"按钮完成曲面拟合。拟合结果如图 5 – 57 所示。

选择"模型"→"面片拟合"命令，弹击"面片拟合"对话框，在"领域/单元面"选项区域中选择如图 5 – 58 所示的平面领域，鼠标拖动如图 5 – 58 所示的平面边框上的点，调整拟合曲面至合适尺寸，单击"√"按钮完成平面面片拟合。拟合结果如图 5 – 58 所示。

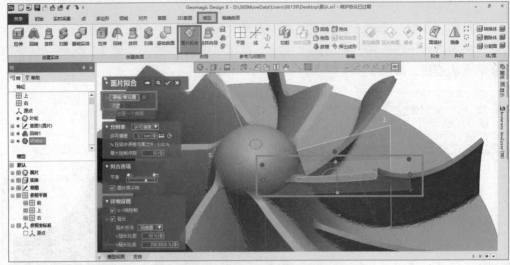

图 5 - 56
平面面片
拟合

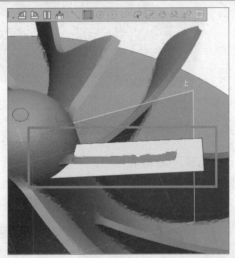

图 5 - 56　平面面片拟合

图 5 - 57
圆柱面放样

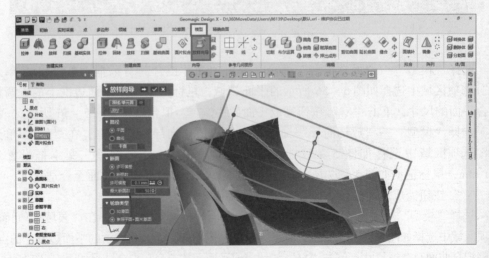

图 5 - 57　圆柱面放样

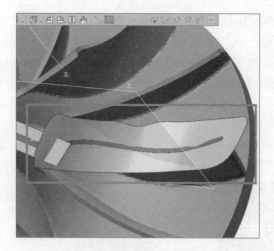

图 5 - 57 圆柱面放样（续）

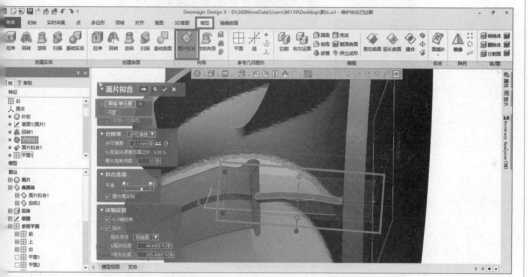

图 5 - 58 平面面片拟合

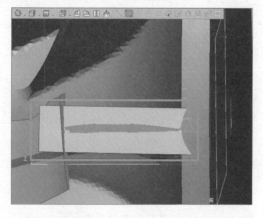

图 5 - 58 平面面片拟合

接下来对叶片两侧面领域进行面片拟合，选择"模型"→"面片拟合"命令，弹出"面片拟合"对话框，在"领域/单元面"选项区域中选择如图 5 – 59 所示的自由领域，鼠标拖动如图 5 – 59 所示的平面边框上的点，调整拟合曲面至合适尺寸，单击"√"按钮完成侧面面片拟合。拟合结果如图 5 – 59 所示。

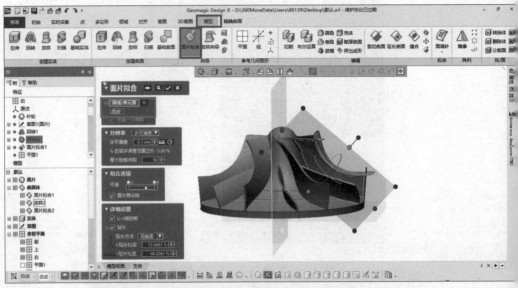

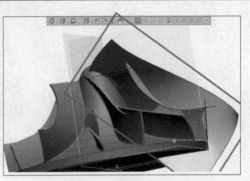

（a）

图 5 – 59　侧面面片拟合

（a）侧面一

图 5 – 59　侧
面片拟合

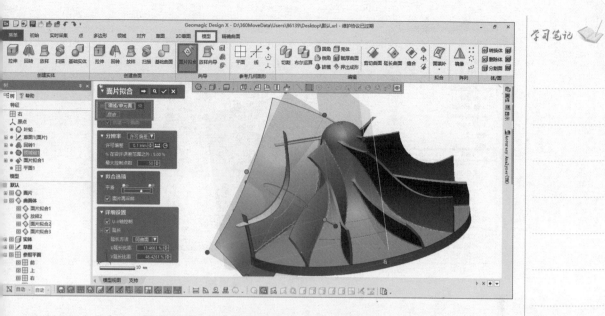

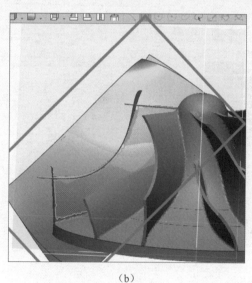

（b）

图 5 - 59 侧面面片拟合（续）

（b）侧面二

最后，对中间回转体进行"曲面偏移"，使用快捷键 Ctrl + 1 隐藏面片，隐藏后效果如图 5 - 60 所示。

选择"模型"→"曲面偏移"命令，依次单击选择如图 5 - 61 所示的需要偏移的曲面，单击"√"按钮完成曲面偏移，使用快捷键 Ctrl + 5 隐藏实体，最后效果如图 5 - 61 所示。

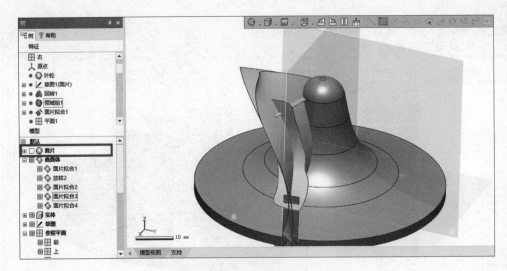

图 5 - 60   隐藏面片

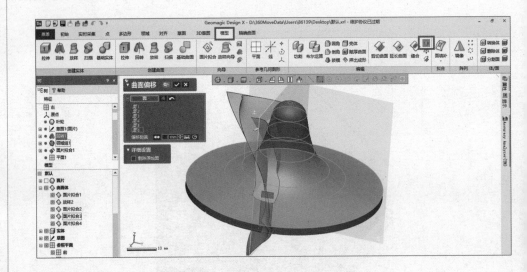

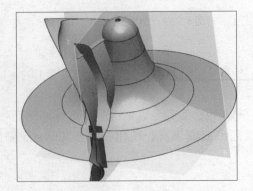

图 5 - 61   曲面偏移

选择"模型"→"剪切曲面"命令,弹出"剪切曲面"对话框,在"工具要素"选项区域中选择"曲面偏移1","对象体"选项区域选择叶片两侧面"面片拟合3"及"面片拟合4",单击"⇨"按钮进行下一步,此步骤中"残留体"需单击选择如图5-62所示的两侧面叶片的左侧部分,单击"√"按钮完成曲面剪切,剪切后效果如图5-62所示。

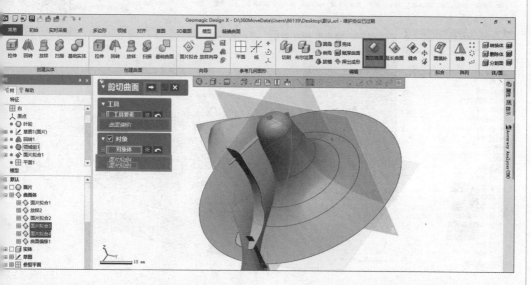

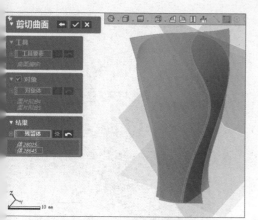

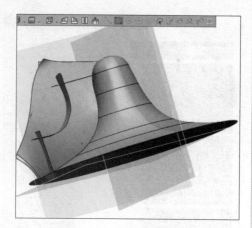

图5-62 剪切曲面

选择"模型"→"剪切曲面"命令,弹出"剪切曲面"对话框,在"工具要素"选项区域中选择"面片拟合1""剪切曲面1_1""剪切曲面1""放样2""面片拟合",在"对象体"选项区域中选择"面片拟合1""剪切曲面1_1""剪切曲面1""放样2""面片拟合2",单击"⇨"按钮进行下一步,此步骤中"残留体"需单击选择如图5-53所示的叶片的两侧面部分,单击"√"按钮完成曲面剪切,剪切后效果如图5-63所示。

选择"模型"→"放样"命令,弹出"放样"对话框,其中,在"轮廓"选项卡选择图中上一步的残留体"面1""面2","结果运算"不勾选"合并""切割"复选框，同时，将图5-64中用于标记起始点位置的两个小黑球拖动至如图5-64所示的位置，单击"√"按钮完成放样，显示实体，隐藏曲面体，效果如图5-64所示。

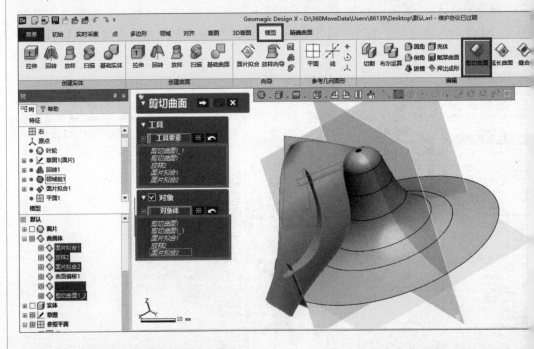

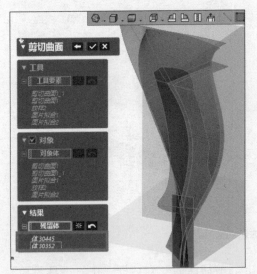

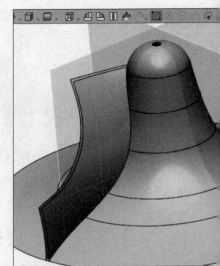

图5-63　剪切曲面

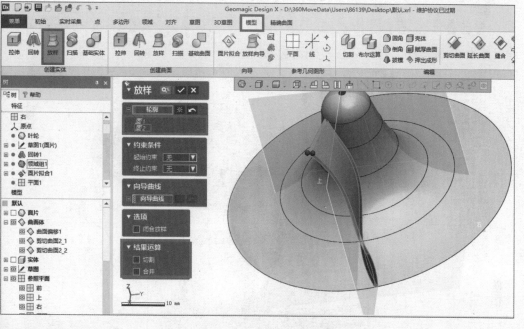

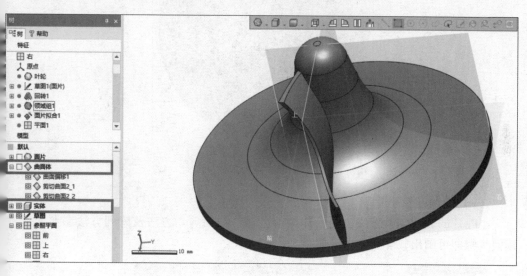

图 5-64　实体放样

选择"模型"→"圆形阵列"命令,弹出"圆形陈列"对话框,其中,在"体"选项区域中选择"放样 3","回转轴"选项区域中选择回转体顶部圆形边线 1,"要素"设置为 6 个,"合计角度"设置为 360°,勾选"等间隔"及"用轴回转"复选框,单击"√"按钮,完成圆形阵列。阵列后效果如图 5-65 所示。

图 5 – 65
阵列大叶片

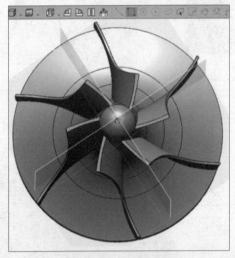

图 5 – 65　阵列大叶片

（3）绘制叶轮小叶片

小叶片的领域创建方法、曲面体拟合方法、曲面剪切方法及阵列方法参照大叶片建模步骤即可画出，阵列后效果如图 5 – 66 所示。

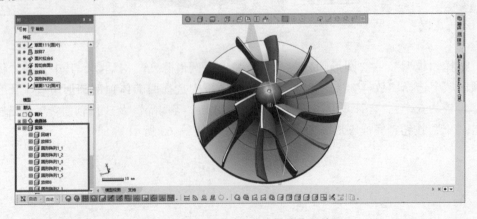

图 5 – 66　大叶片、小叶片最终阵列效果

选择"模型"→"布尔运算"命令，选择"布尔运算"中的"合并"命令，"工具要素"使用快捷键 Ctrl + A 全选建模界面内所有实体，单击"√"按钮完成合并。合并后的效果如图 5 – 67 所示。

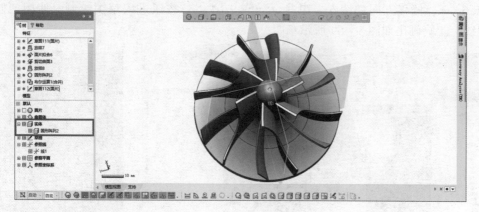

图 5 – 67　实体合并

选择"模型"→"圆角"命令，弹出"圆角"对话框，选择"固定圆角"命令，"要素"选择为叶片与中间回转体的交线，勾选"切线扩张"复选框。依次对大叶片、小叶片的顶端及两侧面倒圆角，其中大叶片、小叶片顶端圆角均设置为 2 mm，两侧面的圆角大小设置为 0.5 mm，如图 5 – 68 所示。

图 5 – 68　倒圆角

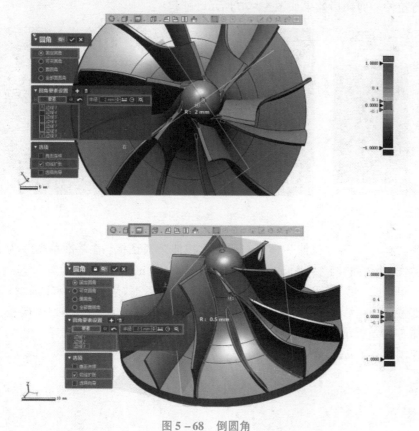

图 5 – 68　倒圆角

全部圆角倒完后，最后再对叶轮底部的孔进行切割，选择"草图"→"面片草图"命令，弹出"面片草图的设置"对话框，面片草图的设置中，选择"平面投影"命令，基准平面选择图5-69所示"前平面"，"由基准平面偏移的距离"文本框设置为1.5 mm，偏移方向如图5-70所示，单击"⇨"按钮进入草图绘制，使用"圆""直线"工具画出如图5-69所示草图。

图5-69
底部孔草
图绘制

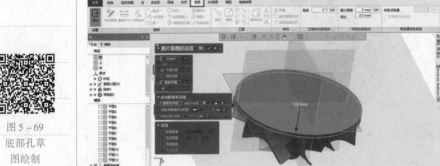

图5-69 底部孔草图绘制

选择"草图"→"剪切"命令，弹出"剪切"对话框，剪切类型选择"分割剪切"命令，将草图多余部分剪掉，剪切完成后单击"退出"按钮，退出草图，准备对草图进行拉伸。剪切后效果如图5-70所示。

图5-70
草图剪切
完善

图5-70 草图剪切完善

选择"模型"→"拉伸"命令，弹出"拉伸"对话框，"基准草图"为上一步创建的"草图14（面片）"，"长度"文本框设置为14 mm，"结果运算"勾选"切割"复选框，单击"√"按钮，完成底部小孔的切割，切割效果如图5-71所示。

全部特征画完后，选择工具栏中的"体偏差"命令，观察建模整体误差，体偏差效果如图5-72所示。至此，叶轮逆向建模结束，整体建模效果较好，绝大部分面的公差均控制在0.1 mm以内。

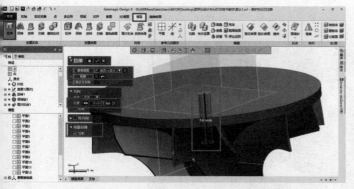

图 5 - 71　底部
孔拉伸切割

图 5 - 71　底部孔拉伸切割

图 5 - 72　整体体偏差

5.3.3　叶轮的3D 打印

1. SLA 技术发展历史

光固化成型（Stereo Lithography Appearance，SLA）技术是由 Chuck Hull 于 1983 年发明，并在 1986 年获得申请专利，是最早实现商业化的 3D 打印技术。SLA 又称"立本光固化成型法"或"激光光固化"。

1986 年，Chuck Hull 成立 3D Systems 公司，大力推动相关业务发展。1988 年该公司根据 SLA 技术原理生产出世界上第一台 SLA - 3D 打印机——SLA - 250，并将其商业化，如图 5 - 73 所示。经过多年发展，3D Systems 公司已成为全球最大的 3D 打印设备提供商。

2. SLA 技术成型原理

SLA 技术主要采用液态光敏树脂原料，通过 3D 设计软件（CAD）设计出三维数字模型，利用离散程序将模型进行切片处理，设计扫描路径，打印机按设定的扫描路径照射到液态光敏树脂表面，分层扫描固化叠加成三维工件原型。成型开始时，工作平台在液面下一个确定的深度，聚焦后的光斑在液面上按计算机的指令逐点扫描固化。当一层扫描完成后，未被照射的地方仍然是液态树脂，然后升降台带动平台下降一层

图 5 - 73　Chuck Hull 与世界上第一台 SLA 商用 3D 打印机 SLA - 250

高度，刮板在已成型的层面上又涂满一层树脂并刮平，然后再进行下一层的扫描，新固化的一层树脂牢固地粘在前一层上，如此重复，直到整个零件制造完毕，得到一个三维实体模型。光固化成型技术工作原理示意图如图 5 - 74 所示。

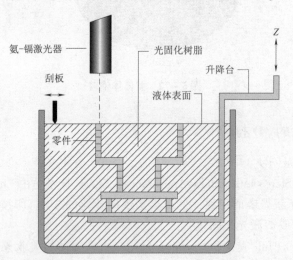

图 5 - 74　光固化成型技术工作原理示意图

　　光固化成型设备由光学系统、Z 轴升降系统、涂覆系统、液位调节系统、树脂槽系统、数字控制和数字软件系统组成，主要包括激光器、激光扫描装置和液槽、升降台和刮刀。典型 SLA 设备如图 5 -75 所示。

　　3. SLA 技术所用材料

（1）光固化实体材料

光固化实体材料主要是指光敏树脂 Ultraviolet Rays UV，一般为液态，由齐聚物反应性稀释剂和光引发剂组成。在一定波长的紫外线（250～300 nm）照射下能立刻引

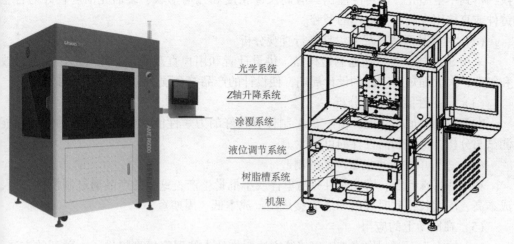

图5-75 典型 SLA 设备

起聚合反应完成固化，可用于制作高强度、耐高温、防水材料。

（2）支撑材料

SLA 技术常用于复杂结构零件的制造，这些零件通常会有镂空或者悬空的设计。为了避免在打印过程中产生变形，需要用支撑材料填补零件的镂空部分。打印完成后再对支撑材料进行清除，得到完整的制品。对支撑材料的要求是便于去除且不能损坏实体模型。常用的支撑材料有相变蜡支撑材料和光固化支撑材料。

4. SLA 技术的优缺点

（1）优点

1）光固化成型工艺是较早出现的 3D 打印工艺，成熟度高，成型速度较快，系统稳定性好，能够呈现较高的精度和较好的表面质量。

2）能制造结构复杂的原型件，如具有中空结构的消失型。

3）为实验提供试样，可以对计算机仿真结果进行验证与校核。

4）可联机操作，远程控制，成型过程自动化程度高，利于生产的自动化。

（2）缺点

1）SLA 工艺设备要对液态物质进行操作，对工作环境要求较高。

2）成型件多为树脂类，强度、硬度、耐热性有限，液态树脂固化后的性能不如常用的工程塑料，一般较脆、易断裂，不适合机械加工。

3）液态光敏树脂具有一定的毒性，且需要避光保存，防止提前发生聚光反应。

4）成型过程中伴随的物理变化和化学变化可能会导致工件变形，因此成型工件需要有支撑结构，才能确保成型过程中制件的每一个结构部位都能可靠定位。

5）成型尺寸有限，不适合制作体积庞大的工件。

6）SLA 系统造价高昂，设备运转和维护成本高。

5. SLA 技术的应用

（1）制造模具

用 SLA 工艺快速制成的立体树脂模可以代替蜡模进行结壳，型壳焙烧时去除树脂模，得到中空型壳，即可浇注出具有高尺寸精度和几何形状、表面光洁度较好的合金铸件或直接用来制造注射模的型腔。

（2）对样品形状及尺寸设计进行直观分析

采用 SLA 技术可以快速制造样品，供设计者和用户直观测量，并可迅速反复修改和制造，大大缩短新产品的设计周期，使设计的产品符合预期的形状和尺寸要求。

（3）产品性能测试与分析

在塑料制品加工企业，由于 SLA 制件有较好的力学性能，可用于制品的部分性能测试与分析，提高制品设计的可靠性。

（4）进行单件或小批量产品的制造

在一些特殊行业，有些制件只需单件或小批量生产，这样的产品通过制模再生产，成本高、周期长，此时可用 SLA 直接成型，成本低、周期短。

（5）在医学上的应用

SLA 技术为不能制作或难以用传统方法制作的人体器官模型提供了一种新的方法，基于 CT 图像的 SLA 技术是应用于假体制作、复杂外科手术的规划、口腔颌面修复的有效方法。

6. 叶轮的 3D 打印

应用 Magics 软件进行叶轮切片如表 5 – 15 所示。

表 5 – 15　叶轮切片

步骤	说明
导入文件	在 Magics 中导入设计数模
检查修复	将叶轮的数模放置在虚拟的加工平台上，打开修复向导，对零件的数模进行诊断和修复。三维数模从模态到数字的转化，会不可避免地产生一些错误，常见的错误有法向错误、间隙错误、特征丢失错误等。Magics 的修复向导功能强大，可以轻松修复翻转三角形、坏边、洞等缺陷，使之成为完好的 STL 文件
零件摆放	作为单独制造的零件，叶轮模型放置在加工平台中央即可，至于具体摆放角度和方向可根据零件结构及支撑结构来确定
生成支撑	在快速成型制造中，大多数零件都需要用到支撑。支撑的作用不仅仅是支撑零件，提供附加稳定性，也是为了防止零件变形。零件变形可能是由热应力、喷头温度，以及平台温度过热或者添加材料时刮板的横向扰动引起的，通过支撑结构，以最少的接触点完成热量传递，可以获得表面质量较好的零件，也方便零件的后处理
	Magics 有自动生成支撑的功能模块，可以自动、简单、快捷地生成支撑结构，支撑的适用性和可靠性对于零件的最终表面质量至关重要
	在生成支撑前，需要设置零件的加工方向，加工方向决定着支撑的生成，而支撑会对表面质量带来影响，这一点在立体光固化技术中尤为明显。因此首先设置的是零件的加工底面
	以叶轮较为平滑的大平面作为底面，水平放置叶轮，对模型的打印质量和支撑的去除都有益处

1）得到切片数据后，即可转入快速成型设备进行加工。将切片数据导入 SLA 快速成型设备。可先在设备上模拟整个零件制作过程，再次检查是否有不当之处以便及时修改，还可以看到系统预估的加工时间，方便安排生产。

2）整个 SLA 快速成型过程几乎不需要人工操作，单击"开始"按钮即开始加工，设备系统界面实时反映总加工高度、当前加工高度、支撑速度、填充速度、轮廓速度及扫描线间距等参数，方便操作人员实时监控加工过程。在加工平台上，可以清晰地看到激光的扫描路线。

3）另有形象化的加工进程演示界面，直观展示当前加工状态，以便及时发现有无加工失误之处，可以及时暂停。光敏树脂经激光照射固化，层层叠加成型，最终制成产品。

4）整个快速制造过程大约持续 4 h，大大节省了制造时间。快速成型的最后一步是沥干附着在表面的多余材料，转至后处理平台，进行去除支撑、清洗、二次光固化和打磨等后处理工序。

7. 叶轮的后处理

叶轮的后处理同项目 2 的型腔零件后处理步骤，此处不再赘述。

考核评价

考核评价表如表 5 – 16 所示。

表 5 – 16　考核评价表

工作任务名称	叶轮的数字化设计与 3D 打印						
评价项目	考核内容	考核标准	配分	小组评分	教师评分	企业评分	总评
任务完成情况评定（80 分）	任务分析	正确率为 100%（5 分） 正确率为 80%（4 分） 正确率为 60%（3 分） 正确率 <60%（0 分）	5 分				
	建模	规范、熟练（10 分） 规范、不熟练（5 分） 不规范（0 分）	10 分				
	数据处理	参数设置正确（20 分） 参数设置不正确（0 分）	20 分				
	打印成型	操作规范、熟练（10 分） 操作规范、不熟练（5 分） 操作不规范（0 分）	30 分				
		加工质量符合要求（20 分） 加工质量不符合要求（0 分）					

学习笔记

工作任务名称	叶轮的数字化设计与3D打印						
评价项目	考核内容	考核标准	配分	小组评分	教师评分	企业评分	总评
任务完成情况评定（80分）	后处理	处理方法合理（5分） 处理方法不合理（0分）	15分				
		操作规范、熟练（10分） 操作规范、不熟练（5分） 操作不规范（0分）					
职业素养（20分）	劳动保护	规范穿戴防护用品	每违反一次扣5分，扣完为止				
	纪律	不迟到、不早退、不旷课、不吃喝、不游戏					
	表现	积极、主动、互助、负责、有改进精神等					
	6S规范	符合6S管理要求					
总分							
学生签名		教师签名		日期			

自主学习

逆向建模并采用SLA工艺打印如图5-76所示的叶轮。

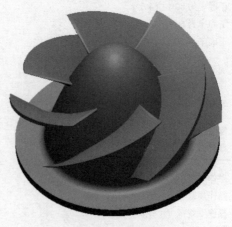

图5-76　叶轮

项目6 消声器侧盖逆向设计与3D打印（SLM）

项目导读

本项目的主要任务是对消声器侧盖进行逆向建模，并采用 SLM
3D 打印技术进行样件制作。主要学习曲面零件的逆向建模，以及
SLM 3D 打印技术的原理、工艺流程。

消声器侧盖逆向设计
与 3D 打印（SLM）

知识目标

1. 掌握 SLM 打印技术的工作原理及 SLM 工艺的优缺点。
2. 掌握 SLM 常用工艺材料。

能力目标

1. 能阅读任务单，制订消声器侧盖的逆向设计方案。
2. 能应用 Geomagic Design X 软件绘制消声器侧盖的三维模型。
3. 能正确操作 SLM 打印切片软件及设备。
4. 能进行消声器侧盖 SLM 打印的后处理。

素养目标

1. 具有积极探索、主动学习的态度，对于新事物有好奇心和求知欲。
2. 具有独立思考、解决问题的能力，能够灵活运用所学知识解决实际问题。
3. 具有团队协作、沟通交流的能力，能够与他人合作完成项目任务。
4. 具有安全意识、环保意识，能够遵守相关规定和要求进行操作。
5. 树立正确的人生观、价值观，为实现制造强国中国梦而努力学习。
6. 养成科学严谨、一丝不苟、精益求精的工作作风。

6.1 工作任务

6.1.1 组建团队及任务分工

组建团队及任务分工如表6-1所示。

表6-1 组建团队及任务分工

团队名称	团队成员	工作任务
		逆向建模
		数据切片
		零件打印
		后处理

6.1.2 发放任务单

任务单如表6-2所示。

表6-2 任务单

产品名称	消声器侧盖	编号		时间	6天
序号	零件名称	规格	图形	数量/件	设计要求
1	消声器侧盖		根据客户要求进行逆向模型重建并进行3D打印	1	1. 模型准确，精度超差小于0.3 mm；2. 3D打印
备注	请在指定时间内完成	完成日期			
生产部意见		日期			

6.2 知识准备

6.2.1 SLM 3D 打印工艺

1. SLM 3D 打印工艺的原理

选择性激光熔化（Selective Laser Melting, SLM）技术是在 SLS 基础上发展起来的，两者的基本原理类似，如图6-1所示。SLM 技术是金属 3D 打印中最普遍的技术，算机将物体的三维数据转化为一层层截面的二维数据并传输给打印机。在打印过程中首先在基板上用刮刀铺上设定层厚的金属粉末。聚焦的激光在扫描振镜的控制下按事先规划好的路径与工艺参数进行扫描。金属粉末在高能量激光的照射下发生熔化快速凝固，形成冶金结合层。当一层打印任务结束后，基板下降一个切片层厚高度，刮刀继续进行粉末铺平，激光扫描加工，重复这样的过程直至整个零件打印结束。

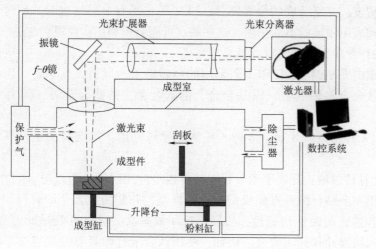

图 6-1　SLM 3D 打印工艺原理

2. SLM 3D 打印工艺的优点

在原理上，SLM 与 SLS 相似，但因为 SLM 采用了较高的激光能量密度和更细小的光斑直径，成型件的力学性能、尺寸精度等均较好，只需简单后处理即可投入使用，并且成型所用原材料无须特别配制。SLM 技术的优点可归纳如下。

1）高度自动化：SLM 技术减少了手工操作，可以快速、准确地制造出复杂的金属零件。

2）高精度：由于利用激光束进行打印，因此可以获得非常高的打印精度，可用于高精度零件的打印和制作。

3）材料多样性：SLM 技术可以使用多种金属材料进行打印，包括不锈钢、铝合金、钛合金、钨合金等。

4）制造复杂零件的能力：由于 SLM 技术可以制造出非常复杂的金属零件，因此它的应用领域广泛，如航空航天、医疗、汽车等领域。

5）节能环保：SLM 技术的能源使用效率很高，而且使用的材料也相对较少，因此它是一种环保的制造方法。

6）可定制化：SLM 技术可以根据用户的需求进行定制化生产，满足不同用户的需求。

3. SLM 3D 打印工艺的缺点

SLM 技术的缺点可归纳如下。

1）打印速度较慢：SLM 工艺的打印速度相对较慢，需要较长时间才能完成打印。

2）成本较高：由于设备成本、材料成本等原因，SLM 工艺的成本相对较高。

3）需要专业技术人员操作：SLM 工艺需要专业的技术人员进行操作和维护，人员成本较高。

4）存在误差：由于打印过程中存在误差，因此打印出的零件精度可能会受到影响。

5）环保性不足：SLM 工艺会产生废料和污染，环保性相对不足。

需要注意的是，这些缺点并不是普遍存在的，而是在某些情况下可能存在。例如，对于一些高精度、高复杂度的金属零件，SLM 工艺具有显著的优势。同时，随着技术的不断进步和应用领域的不断拓展，这些缺点可能会得到逐步克服和改进。

4. SLM 3D 打印工艺常用材料与应用领域

现今，国内外 SLM 3D 打印工艺采用的金属粉末一般有工具钢、马氏体钢、不锈钢、纯钛及钛合金、铝合金、镍基合金、铜基合金、钴铬合金等。其主要应用范围如下。

1）医疗牙科领域：牙冠、牙桥、托槽等牙科应用，实现高质量、高效、低成本生产。

2）医疗骨科领域：开展手术导板、接骨板等应用研究，通过患者的骨头 CT 扫描数据，设计出完全贴合患者骨骼模型的三维模型，并使用钛合金即时打印出，具有较高的生物相容性、耐蚀性和韧性，质轻，打印效率高，可以有效帮助患者早日康复。开展医疗植入物设计和打印研究，例如，使用钛合金打印具有特定空隙率的精确植入骨骼模型，相邻的骨骼会生长进入植入体的缝隙中，使真骨和假骨牢固地结成一体，缩短患者的恢复周期。

3）医疗手术器械领域：使用 SLM 技术可以加工各种复杂的手术器械，切实帮助医生做好每一台手术。针对不同的患者、不同的伤病，可以快速定制专用的手术器械。

4）航空航天领域：航空航天金属零件成型，实现零部件的轻量化、结构化设计和打印，降低成本，缩短周期，成型复杂零件。

5）模具应用领域：3D 打印模具缩短了整个产品的开发周期，优化模具设计为产品增加了更多的功能性；实现随形冷却，提高模具寿命和产品成品率和效率，降低制造成本。

6）汽车制造领域：金属 3D 打印可以应用于汽车原型开发与设计验证，制作复杂结构零件、多材料复合零件、轻量化结构零件、定制专用工装、售后个性换装件等。

7）珠宝设计领域：3D 金属打印可推动珠宝原创设计发展，设计师可以脱离工艺制约，更专注于设计本身，设计更自由，更具有活力。

8）个性化定制领域：以个性化定制耳机为例，通过采集人体耳蜗三维数据，设计依据耳蜗的随形耳机，实现专属定制。

5. 典型 SLM 3D 打印机

以广东汉邦激光科技有限公司的生产设备 HBD - 160 型为例，激光选区熔化（SLM）金属 3D 打印机设备基本技术参数如下。

（1）设备参数

电源要求：AC 220 V/3.6 kW；

激光功率：600 W；

扫描范围：ϕ169 mm；

成型尺寸：ϕ169 mm×100 mm；

扫描速度：≤10 000 mm/s；

激光功率控制：0% ~100%可调；

压力控制：双重检测，超压释放压力；

铺粉安全控制：阻力超限报警停机；

打印层厚：10 ~ 40 μm；

铺粉层厚：打印层厚的 1.6 倍以上；

氧含量控制能力≤100 ppm（1 ppm = 0.000 1%）；

控制系统软件：自主研发；

扫描路径软件：自主研发；

需求文件格式：STL 及其他三维软件设计的或扫描的数据模型；

执行文件格式：HBD；

整机质量：860 kg；

设备使用环境温度：16 ~ 30 ℃，确保不结冰，不结露。

（2）软件主界面

软件窗口分为菜单栏、系统状态、任务栏和打印显示界面，如图 6 - 2 所示。

软件界面无任何操作 10 min 后将会进入自动锁屏状态，弹出"系统已锁定，请输入解锁密码"的窗口，输入密码"123"即可解锁，该锁屏状态也可以手动进入，单击菜单栏的"锁屏"🔒 按钮即可进入。

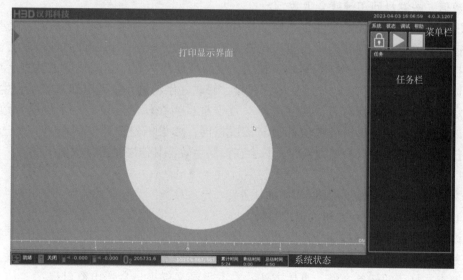

图 6 - 2　软件主界面

系统状态栏：显示设备当前运行状态，如氧含量、打印进度、打印估算时间等。通过观察状态值可以掌握设备相应的运行状态，如图 6 - 3 所示。

| ⟳ 就绪 | ▊ 打开 | ▊ 0.000 | ▊ 0.000 | O₂ 0.0 | 0% | 层:1/0 | 时间:0:00/0:00 |

图 6 - 3　系统状态栏

（3）任务栏

任务栏显示加载进软件的打印数据，可以查看每一层的切片数据图形，可以设置每一层的加工参数。单击"任务"按钮会出现"删除任务"，单击可以删除当前打印任务。在任务栏中有"任务信息""部件参数"和"图层浏览"，如图6-4所示。

任务信息：包括文件名、零件的大小、打印测材料类型、打印层厚、打印层数和部件的数量。

部件参数：可以查看每个零件对应的打印数据。部件参数具有选择某个零件不打印的功能，勾选表示打印；不勾选表示不打印，同时加工窗口对应的零件会显示灰色。部件参数中的偏移设置，可以对打印数据的位置进行偏移和旋转，X 和 Y 偏移的坐标原点是打印零件图形的几何中心，偏移数值的单位是 mm，旋转角度的旋转中心是打印零件图形的几何中心，旋转角度的单位是度（°）。部件参数还可以显示每个零件所有路径的扫描参数，包括扫描速度、扫描功率、光斑直径。当暂停后，等当前层打印完，可以修改包括扫描速度、扫描功率和光斑直径的参数，输入修改数值，按键盘回车键就会生效。

图6-4 任务栏

图层浏览：可以观察零件每一层的切片信息。单击选中任一层，再右击，会弹出一个窗口。单击"设为开始"按钮，在该层前会出现" * "标识，此时该层就会被设定为打印起始层。单击"红光测试"按钮，设备会使用激光红光扫描测试数据。在图层浏览中，可以查看和修改任一层的供粉量，修改好供粉量，按键盘回车键就会生效。在设定供粉量时，如果勾选"层间继承"复选框，当在任意层设定一个供粉量数值，该层以下的打印层，供粉量数值都会与该层相同；如果不勾选"层间继承"复选框，当在任意层设定一个供粉量数值时，只会在该层生效，其他层供粉量数值不变。

（4）文件菜单栏

文件菜单栏下有以下功能："添加任务""导入参数""保存参数""窗口最小化""窗口显示""全屏显示"和"退出系统"。

添加任务：单击"添加任务"按钮，会打开"添加任务"窗口，单击选择要打印的任务文件。在窗口左侧有"我的最爱"一栏，可以将目录文件夹设定到该位置，方便快捷查找打印的任务文件。具体方法：右击目录文件夹，会弹出窗口提示"加入我的最爱"，单击"确认"按钮，该目录文件夹就会添加在"我的最爱"一栏下面。

导入和保存参数：可以导入和保存设置里面的所有参数。

窗口最小化：可以将软件窗口最小化至电脑任务栏。

窗口显示：在软件界面全屏显示时，单击"窗口显示"按钮可以小窗口显示软件界面。

全屏显示：在软件界面窗口显示时，单击"全屏显示"按钮可以全屏显示软件界面。

退出系统：单击"退出系统"按钮，会弹出窗口提示"是否确认退出系统"，单击"确认"按钮，退出软件。

（5）状态栏

"状态"栏下包含以下功能："通信状态""净化器状态""日志"和"快速层预览"。

"通信状态"窗口用来显示和查看氧含量、环境温度、舱内温度、风速、粉料缸位置、成型缸位置、总打印小时和总出光小时等状态信息，如图6-5所示。

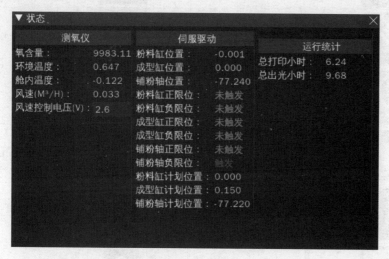

图6-5　状态栏

（6）调试

在准备设备时，可以控制成型缸、粉料缸和铺粉轴移动。运动模式分为点位运动和连续运动，其中点位运动和连续运动按钮如图6-6所示。点位运动可以设定手动倍率（微米/按），即每单击一次按钮，运动装置运动指定的距离；连续运动可以设定运动速度，即连续单击按钮，运动装置运动按照设定的速度移动。

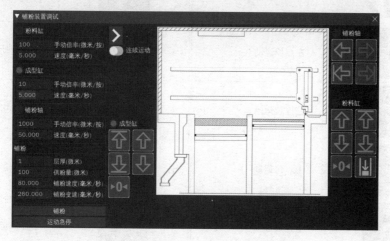

图6-6　点位运动和连续运动按钮

调试操作中常用快捷键如表6-3所示。

表 6-3 调试操作常用快捷键

快捷键	功能说明	快捷键	功能说明
AUTO	自动除氧		激光器
	照明		自动校验
	复位渲染视图		锁屏
	一键启动加工，打印过程中暂停		暂停加工任务
	停止加工任务		隐藏
	通信状态		摄像头
	成型缸位置		粉料缸位置
O₂	含氧值		位置清零
	左点位运动		点位运动
	左连续运动		右连续运动
	上点位运动		下点位运动
	上连续运动		下连续运动
	粉料缸自动下降到供粉量		

6.3 任务实施

6.3.1 消声器侧盖三维模型重建

使用 Geomagic Design X 软件完成如图 6-7 所示的消声器侧盖模型的逆向建模。

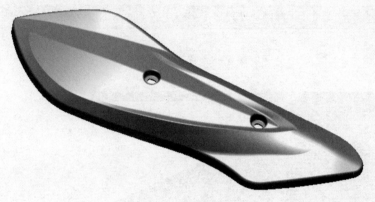

图 6-7 消声器侧盖

1. 数据导入

数据的导入可以通过直接拖动数据到软件绘图窗口，也可以单击菜单栏中的"导入" 按钮进行数据导入，如图 6-8 所示。

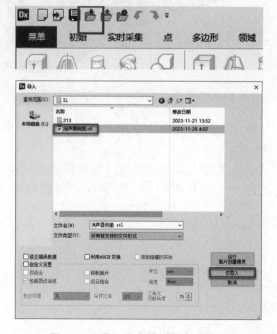

图 6-8 导入消声器侧盖点云数据

2. 对齐坐标

首先，观察分析导入的零件是否为对称，是否有平面，是否有规则的几何特征。在导入的消声器侧盖数据中可以看出，上部有两个规则的盲孔，盲孔的底部还存在平面。因此，可以以此为基准进行坐标对齐。

在工具栏中，选择"智能选择"命令，如图 6-9 所示。按住键盘上的 Shift 键，用鼠标选择盲孔底部的平面，如图 6-10 所示。

图 6-9　智能选择工具

图 6-10　使用"智能选择"工具选择平面

右击选择"平面"命令，在弹出的"追加平面"对话框中单击"OK"按钮，创建出平面 1，如图 6-11 所示。

选择"草图"→"面片草图"命令，弹出"面片草图的设置"对话框后，选择创建的平面 1，通过拖动的方式调整横切面，使盲孔的圆能够显示完整，如图 6-12 所示。

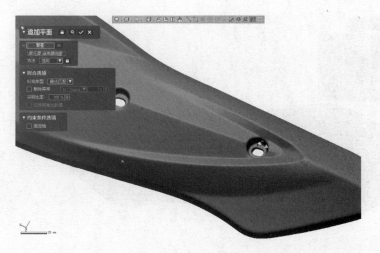

图 6-11 追加平面

图 6-11 追加平面

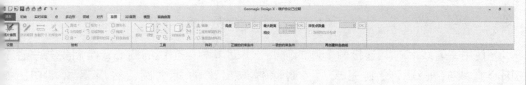

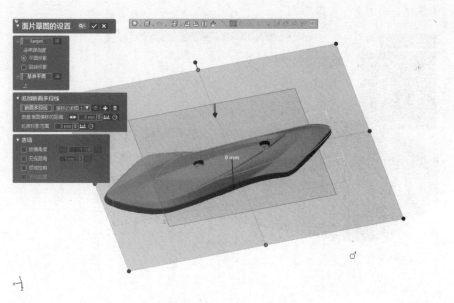

图 6-12 从追加平面创建草图

图 6-12 从追加
平面创建草图

在"草图"选项卡中，选择"圆"命令，提取出盲孔的轮廓，如图 6-13 所示。

图 6-13 提取盲孔轮廓

图 6-13 提取
盲孔轮廓

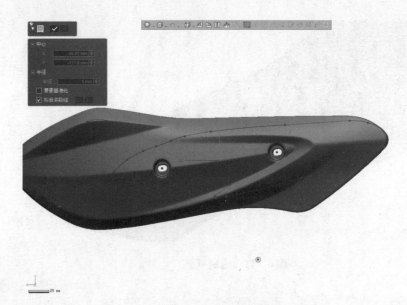

图 6 – 13　提取盲孔轮廓（续）

使用"直线"工具连接两个圆的圆心，并过其中一个圆的圆心，绘制一条垂直于圆心直线的垂线。绘制完成后，删除提取出来的两个圆，然后退出草图，如图 6 –14 所示。

图 6 – 14
过圆心绘
制垂线

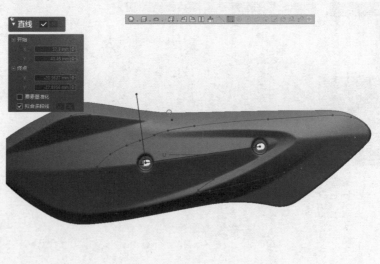

图 6 – 14　过圆心绘制垂线

选择"对齐"→"手动对齐"命令，在弹出的"手动对齐"对话框中单击"下一步"按钮，如图 6 – 15 所示。

在"移动"对话框中，选择"3 – 2 – 1"命令，"平面"选择平面 1，"线"选择绘制的草图 1。单击"OK"按钮完成坐标对齐。对齐完成后，可删除"特征树"中的"平面 1"和"草图 1"，如图 6 – 16 所示。

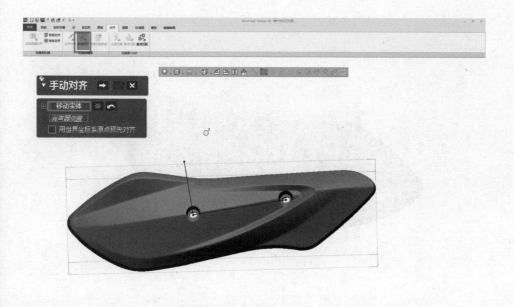

图 6 – 15　手动对齐

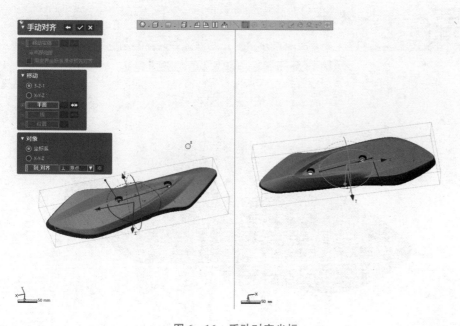

图 6 – 16　手动对齐坐标

3. 模型绘制

(1) 划分曲面领域

使用工具栏中的"智能选择"工具，按照面型选择各曲面，如图 6 – 17 所示。

学习笔记

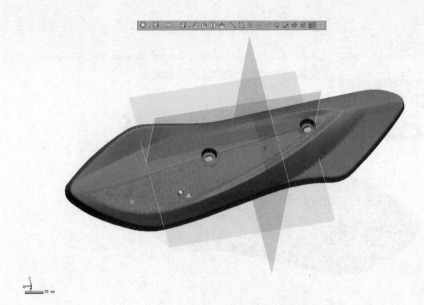

图 6-17　选择曲面特征领域

　　在"领域"选项卡中，使用"插入"工具完成领域的划分和创建，如图 6-18 所示。

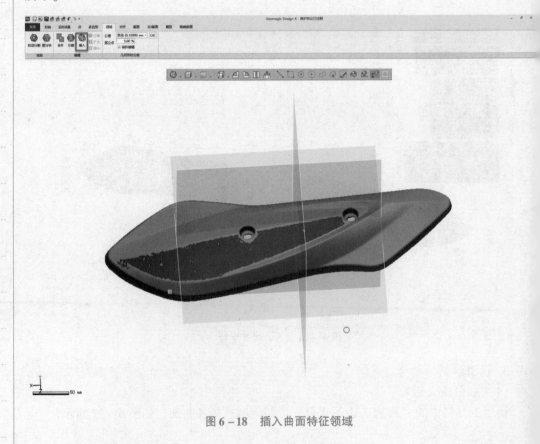

图 6-18　插入曲面特征领域

使用同样的方式，完成曲面各部分领域的创建，如图6-19所示。

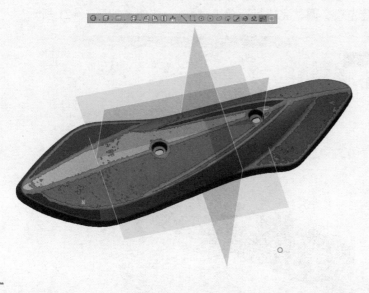

图6-19 完成领域创建

（2）绘制曲面特征

选择"模型"→"放样向导"命令，弹出"放样向导"对话框，选择其中一个领域，在"路径"选项区域选中"平面"单选按钮，在"断面"选项区域选中"断面数"单选按钮，并设置合适的"断面数"。然后单击"下一步"按钮，如图6-20所示。

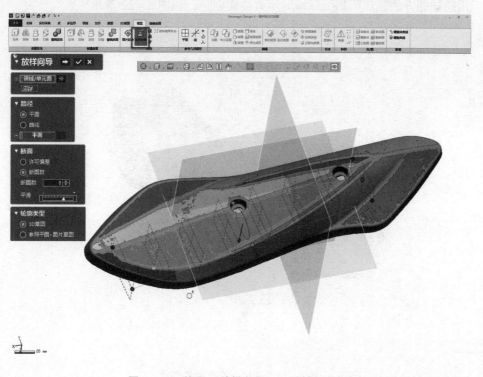

图6-20 使用"放样向导"工具绘制曲面

使用工具栏中的"体偏差"工具。通过调整切割平面和"样条点数量",使生成的面偏差小且光顺。调整完成后,单击"OK"按钮,如图6-21所示。

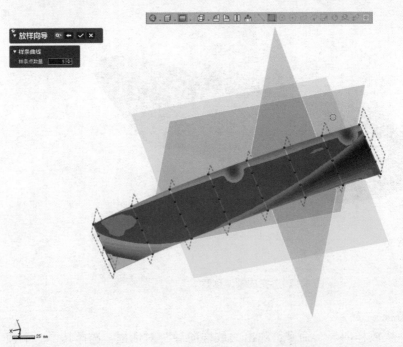

图6-21　放样曲率偏差检测

用同样的方法完成所划分领域的所有曲面创建,如图6-22所示。

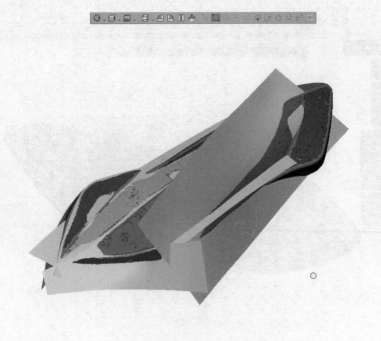

图6-22　完成所有曲面的创建

选择"模型"→"剪切曲面"命令，弹出"剪切曲面"对话框，在"工具"选项区域下，选择其中的两个或多个面，然后单击"下一步"按钮，如图 6 - 23 所示。

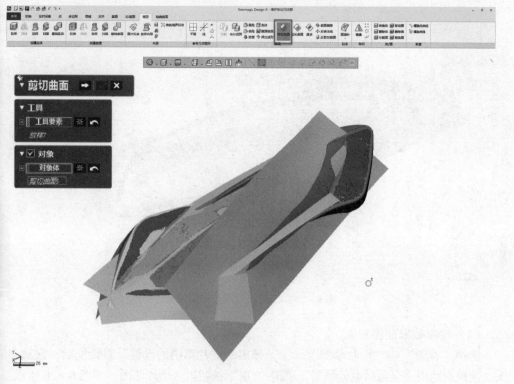

图 6 - 23 曲面修剪

在"残留体"中选择所需保留的面，单击"OK"按钮，如图 6 - 24 所示。

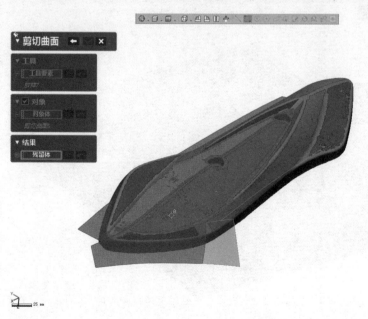

图 6 - 24 选择保留面

以同样的方式完成顶部所有曲面的修剪，如图6-25所示。

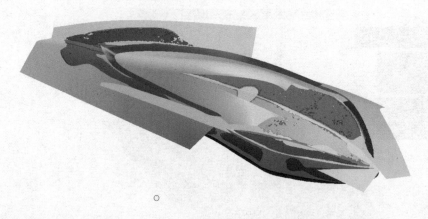

图6-25　完成顶部所有曲面修剪

（3）绘制截取曲面轮廓

选择"草图"→"面片草图"命令。弹出"面片草图的设置"对话框后，拖动小箭头，使投影范围完全包括点云数据，单击"OK"按钮进入面片草图，如图6-26所示。

图6-26
提取外轮廓

图6-26　提取外轮廓

使用"圆""直线"等工具提取出数据轮廓。提取完成后使用"约束条件"工具进行几何约束，如图6-27所示。

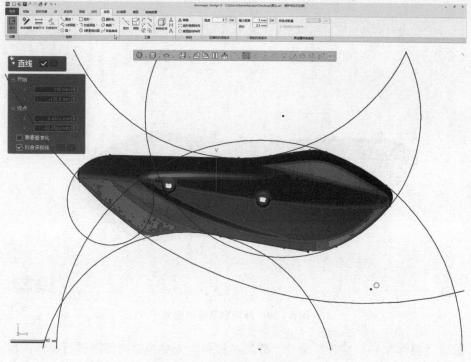

图6-27 绘制外轮廓草图特征

几何约束完成后，使用"剪切"工具进行线段修剪，如图6-28所示。

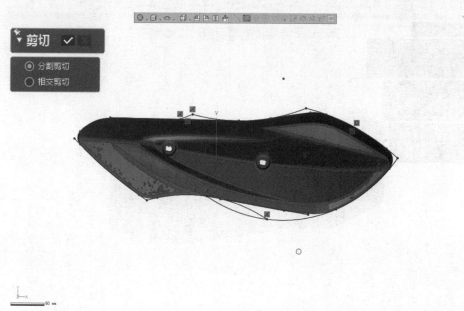

图6-28 外轮廓草图修剪

使用"圆角"工具将需要倒圆角的地方进行倒圆角。检查无误后,退出面片草图,如图6-29所示。

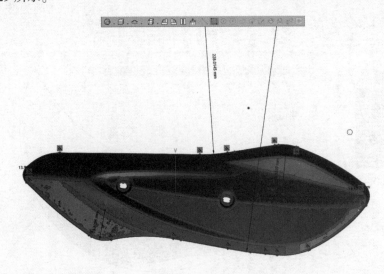

图6-29 外轮廓草图倒圆角

选择"模型"→"拉伸"命令,弹出"拉伸"对话框,对草图进行拉伸操作,拉伸时注意勾选对话框中的"反方向"复选框,如图6-30所示。

图6-30
拉伸外轮廓

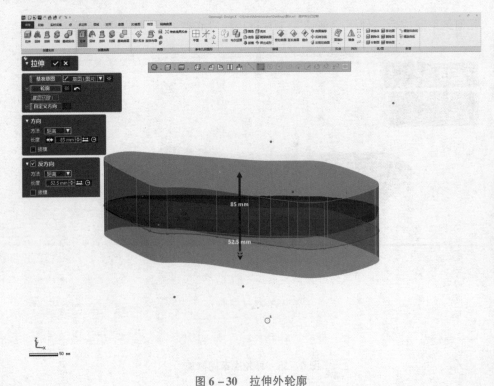

图6-30 拉伸外轮廓

使用"剪切曲面"工具进行面片修剪，在弹出的"剪切曲面"对话框中，取消勾选"对象"复选框，单击"下一步"按钮，如图6－31所示。

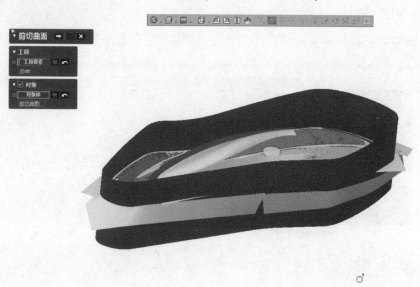

图6－31　使用"剪切曲面"工具修剪顶面特征与侧面特征

选择需要保留的部分，确认无误后单击"OK"按钮，如图6－32所示。

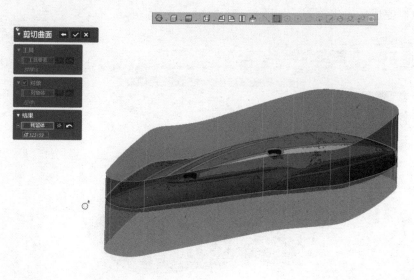

图6－32　选择
保留特征

图6－32　选择保留特征

（4）绘制盲孔特征

选择"草图"→"面片草图"命令，弹出"面片草图的设置"对话框，"基准平面"选为"上"平面，进入草图，如图 6 – 33 所示。

图 6 – 33
从盲孔底面
绘制草图

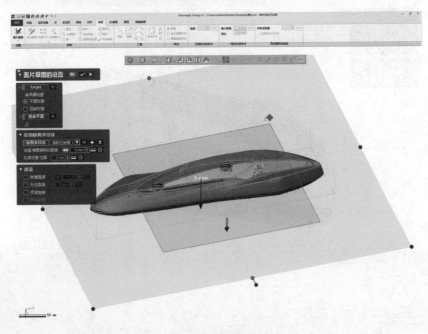

图 6 – 33　从盲孔底面绘制草图

使用"矩形"工具，绘制一个矩形，该矩形的轮廓范围需要超过两个盲孔的最大轮廓。绘制完成后退出草图，如图 6 – 34 所示。

图 6 – 34
创建盲孔底
平面特征

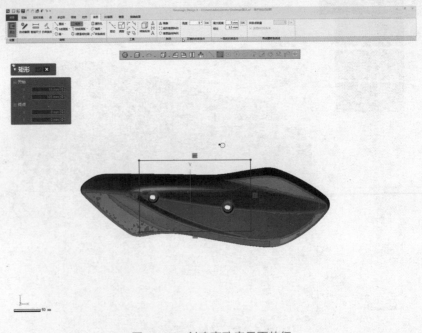

图 6 – 34　创建盲孔底平面特征

使用"模型"选项卡中的"面填补"工具，将矩形封闭成平面。单击"OK"按钮，如图 6 – 35 所示。

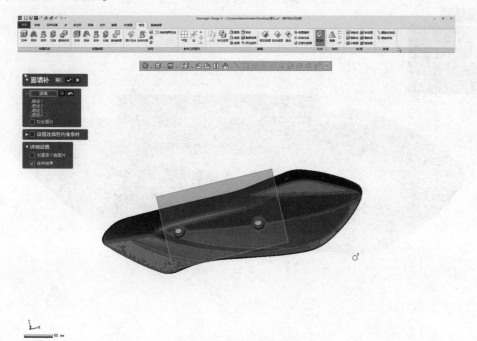

图 6 – 35 填充
盲孔底平面

图 6 – 35 填充盲孔底平面

选择"草图"→"面片草图"命令，弹出"面片草图的设置"对话框，移动截断面，使得两个盲孔的轮廓清晰完整。单击"OK"按钮进入草图，如图 6 – 36 所示。

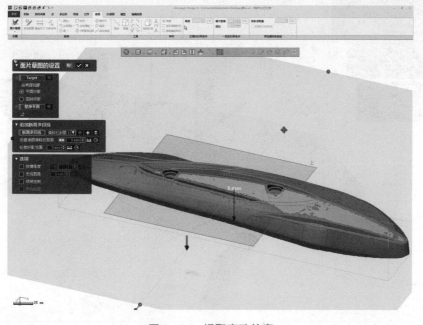

图 6 – 36 提取
盲孔轮廓

图 6 – 36 提取盲孔轮廓

使用"圆"工具绘制两个盲孔的轮廓。绘制完成后退出草图，如图 6 – 37 所示。

图 6 – 37
制盲孔轮廓

图 6 – 37　绘制盲孔轮廓

在"模型"选项卡中，选择"拉伸"命令，拉伸出盲孔的曲面，如图 6 – 38 所示。

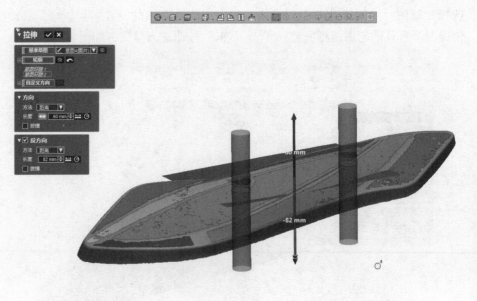

图 6 – 38　拉伸盲孔轮廓

再次使用"面片草图"工具,使用"腰形孔"工具绘制盲孔中间的两个腰形孔。绘制完成后退出草图,如图6-39所示。

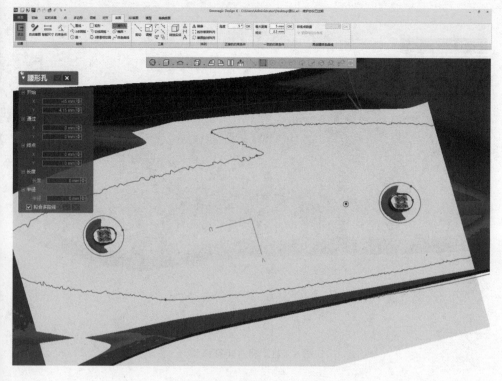

图6-39 绘制
腰形孔轮廓

图6-39 绘制腰形孔轮廓

同样的,进行草图拉伸操作,如图6-40所示。

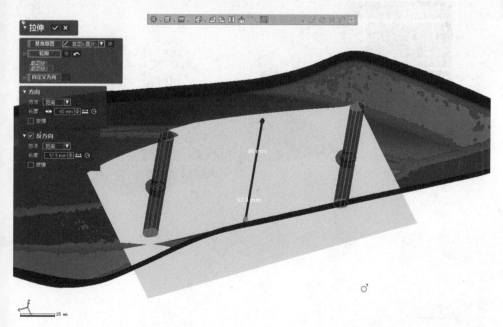

图6-40 拉伸
腰形孔

图6-40 拉伸腰形孔

项目6 消声器侧盖逆向设计与3D打印(SLM) ■ 207

选择"模型"→"剪切曲面"命令，弹出"剪切曲面"对话框，将两个腰形孔设置为"工具要素"，矩形平面设置为"对象体"。单击"下一步"按钮，如图6-41所示。

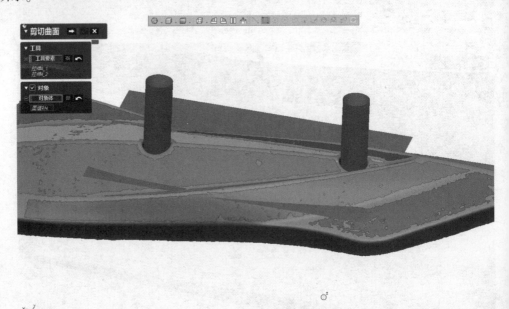

图6-41　盲孔特征修剪

保留腰形孔以外的对象，单击"OK"按钮，如图6-42所示。

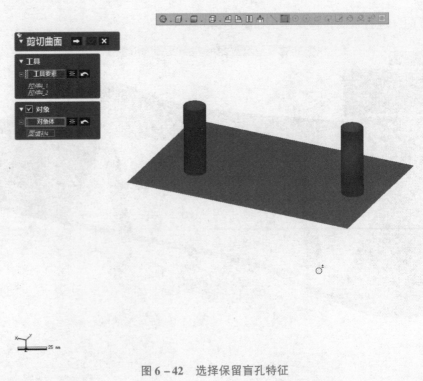

图6-42　选择保留盲孔特征

再次使用"剪切曲面"工具，将盲孔轮廓曲面和修剪后的底平面均设置为工具要素。单击"下一步"按钮，如图 6-43 所示。

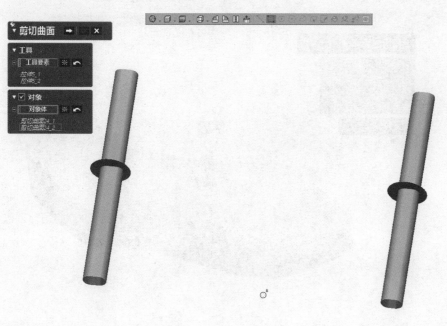

图 6-43 腰形孔特征修剪

选择需要保留的部分，单击"OK"按钮，如图 6-44 所示。

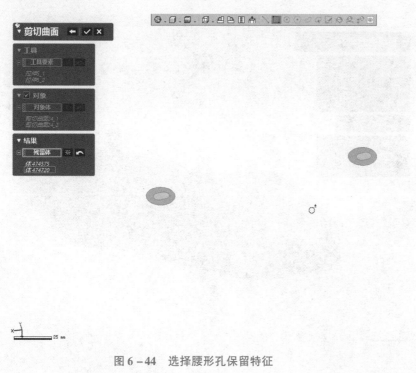

图 6-44 选择腰形孔保留特征

学习笔记

再次使用"剪切曲面"工具,将所有对象均设置为工具要素,单击"下一步"按钮,如图6-45所示。

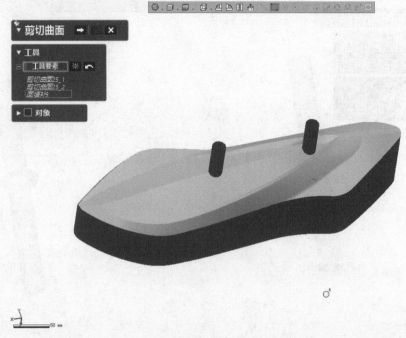

图6-45 盲孔特征修剪

单击"OK"按钮,将盲孔修剪成型,如图6-46所示。

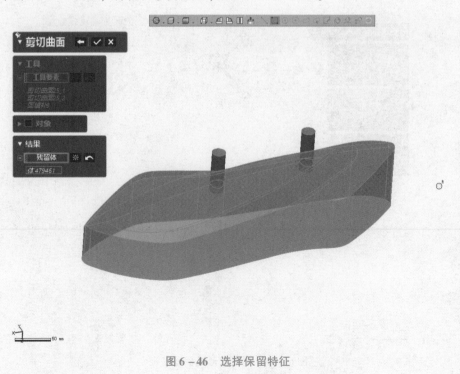

图6-46 选择保留特征

（5）赋厚及圆角处理

选择"模型"→"赋厚曲面"命令，弹出"赋厚曲面"对话框，选择主体进行赋厚操作，如图6-47所示。

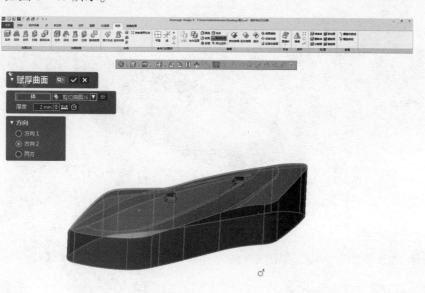

图6-47 曲面赋厚

选择"模型"→"圆角"命令，弹出"圆角"对话框，倒出合适的圆角，如图6-48所示。

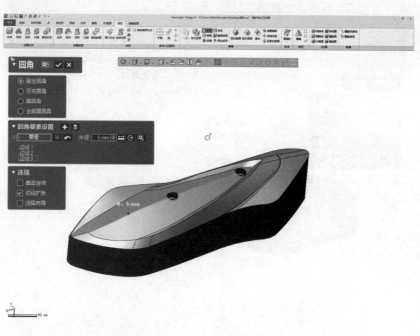

图6-48 倒圆角操作

同样的操作，完成所有需要倒圆角的结构特征，如图 6 – 49 所示。

图 6 – 49　完成所有倒圆角

选择"3D 草图"命令，如图 6 – 50 所示。

图 6 – 50
"3D 草图"
命令选择

图 6 – 50　"3D 草图"命令选择

选择"3D 草图"→"境界"命令，弹出"境界"对话框，单击点云数据，自动捕捉点云数据的开放边。在弹出的"境界"对话框中设置合适的平滑度，单击"OK"按钮。完成后退出 3D 草图，如图 6 – 51 所示。

图 6 – 51　使用境界提取边界轮廓

选择"模型"→"面填补"命令，弹出"面填补"对话框。选择在"3D 草图"中生成的轮廓线。单击"OK"按钮，如图 6 - 52 所示。

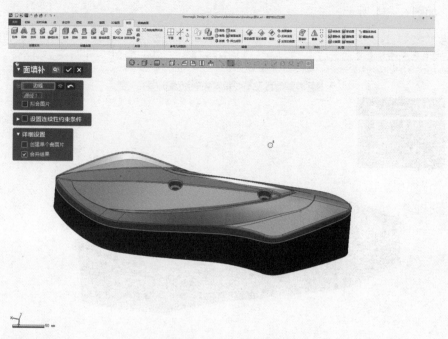

图 6 - 52 填补底面

选择"模型"→"延长曲面"命令，弹出"延长曲线"对话框。将填充的曲面延伸一定的长度，单击"OK"按钮，如图 6 - 53 所示。

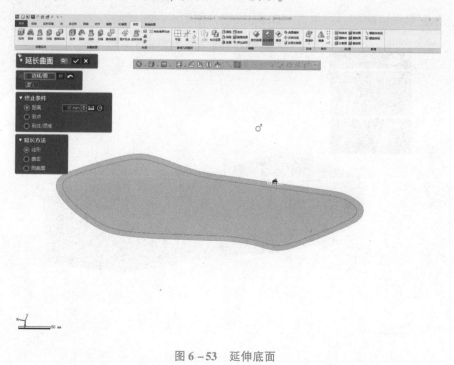

图 6 - 53 延伸底面

选择"模型"→"切割"命令，弹出"切割"对话框，将数据进行修剪。"工具要素"选择延伸后的曲面，"对象体"选择逆向对象主体。选择完成后单击"下一步"按钮，如图 6 – 54 所示。

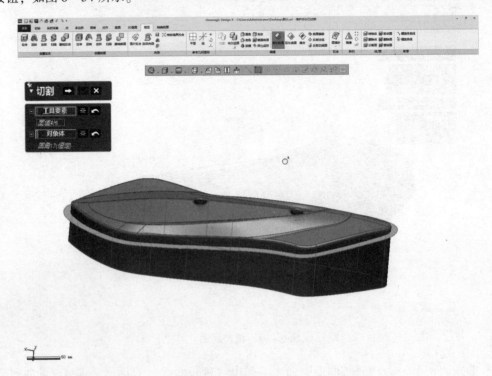

图 6 – 54　切割多余侧面特征

选择需要保留的部分，单击"OK"按钮，如图 6 – 55 所示。

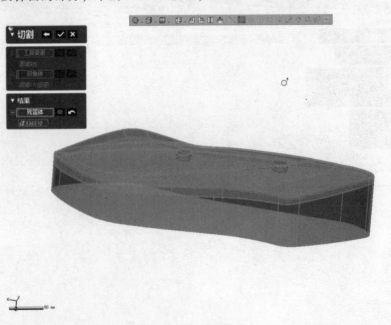

图 6 – 55
选择保
留特征

图 6 – 55　选择保留特征

（6）误差分析及保存

绘制完成后，在工具栏中找到"体偏差"工具，对逆向模型进行误差分析，需要注意保证逆向模型在误差范围内，即呈现绿色，如图6-56所示。

图6-56　体偏差检测

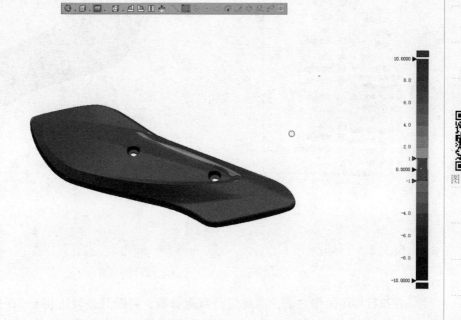

图6-56　体偏差检测

至此，逆向模型重建完成，如图6-57所示就是逆向模型重建完成的效果。

图6-57　消声器侧盖三维模型

选择"文件"→"输出"命令，弹出"输出"对话框，"要素"选择为实体部分，文件格式保存为通用格式，即STP格式的文件。再到其他软件中进行改进设计等，如图6-58所示。

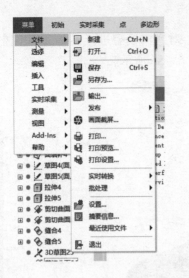

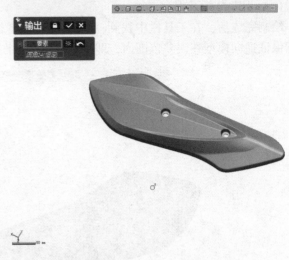

图 6-58 文件输出

6.3.2 打印操作

1. 数据切片

在执行打印操作之前，需要进行数据分析，判断其是否适用于 3D 打印工艺。在 Magics 软件中对数据添加支撑，进行排版切片处理。将数据直接拖动到软件中，进行数据分析，检查其是否存在破面等。当"壳体"为 1，其他为 0 时即满足基本打印要求，如图 6-59 所示。

图 6-59 模型检查

进行打印分析，主要检查尺寸是否满足打印要求，如图 6－60 所示（打印工艺、打印设备不同，最低打印要求不同，具体可查询设备使用说明）。

学习笔记

图 6－60　打印分析

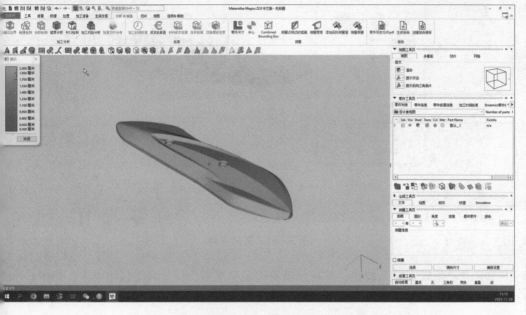

图 6－60　打印分析

加载打印平台，选择打印机型号，如图 6－61 所示。

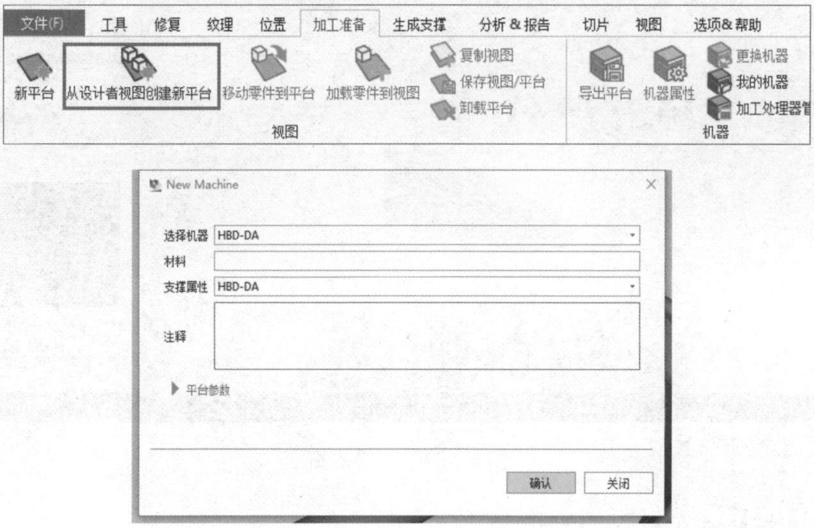

图 6－61　加载打印平台

设置零件底面，旋转零件方向，零件的摆放需要注意，避免重要外观面添加支撑，上支撑数量尽量少，尖锐处要顺着刮刀方向。摆放好以后设置零件高度，一般设置为 ~10 mm，如图 6－62 所示。

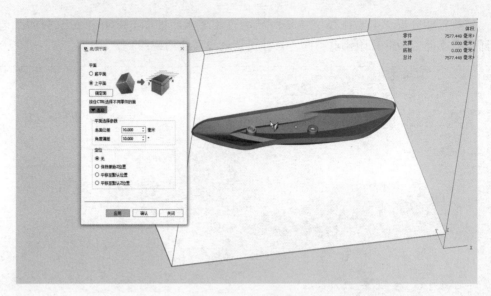

图 6 – 62　摆放零件

　　单击"生成支撑"按钮，并在该模块中调整支撑，使其满足打印要求，如图 6 – 63 所示。最后单击"切片"按钮，生成切片文件。

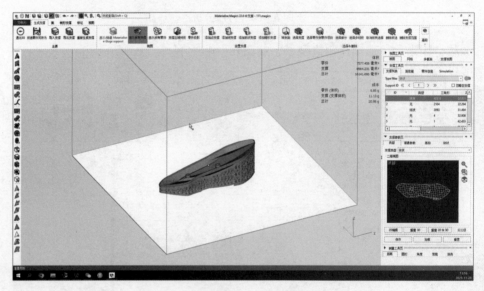

图 6 – 63　生成支撑

图 6 – 63
生成支撑

2. 设备运行前准备

1）由于金属粉末对人体有一定危害，相关操作人员需佩戴口罩，戴橡胶手套。

2）用毛刷和吸尘器仔细清理成型缸内部的尘埃等杂物，若打印需要更换金属粉末，则需要彻底清洁成型缸内部所有可能黏着粉末的部位，确保不污染金属粉末原料。

3）清理保护镜片，使用无尘纸蘸取高浓度乙醇（99.7% 以上），轻轻地、小心地擦拭镜片，除去镜片上黏着的微小颗粒；当擦拭镜片，棉签没有黑色时，再用无尘纸签蘸取少量乙醇继续轻轻擦拭镜片，直至用灯照射镜片，观察到十分洁净，无油污无污染为止。

3. 设备运行操作

1）开机。

开机之前务必检查设备电源是否连接正常，否则禁止开机。开机务必遵循以下步骤。

①旋开机器右上方操作面板上 POWER 钥匙开关；

②按下 START 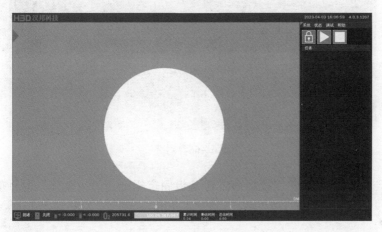 开关键；

③按下 IPC 开关键，等待打印机电脑开机。

2）对刀。

①打开电脑桌面上的 HBDSystem160 设备执行软件，如图 6-64 所示。

图 6-64　设备软件界面

②选择工具栏上的"调试"→"铺粉装置"（整个对刀过程的操作都在铺粉装置调试窗口中执行）命令，选中铺粉装置调试窗口内的"粉料缸"单选按钮。单击  按钮调节粉料缸活塞高度，如图 6-65 所示。

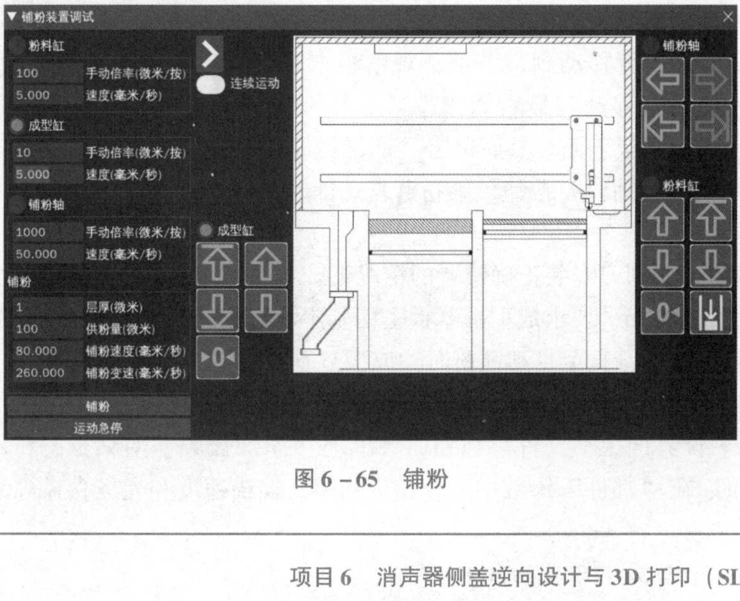

图 6-65　铺粉

3）调平基板与对刀。

调平基板时，以缸体为基准。首先安装基板于活塞上面，升降活塞，观察基板的各边是否与缸体水平（可通过直尺观察间隙来确定是否水平）。调平基板后，移动基板使之与缸体平面平行，关闭成型缸的灯，移动铺粉臂，用小手电照射，观察基板与铺粉臂间的间隙，调整基板位置，使基板与刀刃在不接触的情况下间隙尽可能的小，即完成对刀。如果出现严重碰刀现象，则关闭 I/O 控制面板中的电机电源，等待 10 s 以上，再次启动电机。在整个操作过程中，成型缸与粉料缸活塞一定不能上升到调节板下底面处，如图 6-66 所示。

图 6-66　对刀

基板安装过程：基板使用螺栓固定在基板固定板上，然后整体顺时针旋转固定在活塞上。

4）换刀。

磨损修复后需重新对刀具进行撞刀，然后将铺粉臂移动至缸体中间上方，最后将刀具安装到铺粉臂上，依次拧紧螺钉。

5）用灯光照射上方的保护镜片，观察其表面有无杂质污染，使用无尘棉签蘸取少许乙醇轻轻擦拭干净。

6）将金属粉末缓慢倒入粉料缸内，用洁净的金属片将粉末大致刮平，上升粉料缸活塞，使粉末高度略高于基板高度。

方法一：将铺粉臂移动到最左侧，观察粉末是否均匀地铺于基板表面，若金属粉末不足，则将铺粉臂移动到最右侧，适当上升粉料缸的高度，控制铺粉臂重新铺粉，使粉末均匀地铺在基板表面。然后单击"回铺粉原点"按钮，把成型缸门关上。

方法二：单击"铺粉"按钮，铺粉臂自动铺粉一次；本次设定层厚为 1 μm，供粉量 100 μm。

7）预铺粉：在刮刀安装正确位置的情况下，单击"铺粉"按钮，本次设定层厚为 1 μm，供粉量 100 μm；要求成型缸基板上面基本没有粉末，如果有较厚的粉末，上升成型缸基板几十微米，直至自动铺粉时，成型缸基板上基本没有粉末。

4. 导入数据

1）单击软件界面上"文件"按钮，会出现"添加任务"对话框，将 .job 或 .h3d 文件导入。可以在"部件"参数中修改扫描功率、扫描速度和光斑直径等参数。

2）单击软件界面上的任务按钮，可将加载的打印任务直接删除。

3）单击"图层浏览"按钮，显示需要打印的层数，可以右击随意选择起始层数。

4）单击"一键启动"按钮。

一键启动：软件会实现自动除氧、自动打开激光器，当激光器打开，含氧量达到目标值以后，设备会自动从起始层开始打印。

注：如果设备准备好后，数据还没有处理好，可以关闭成型缸，自动除氧；单击"一键除氧" **AUTO** 按钮；自动除氧完成，可以加载数据，单击"一键启动" **▶** 按钮，实现打印。

5. 打印过程

设备运行时要注意时刻观察金属粉末打印情况，如果出现严重碰刀、严重球化、金属无法成形、黑烟严重等情况，立刻停止设备运行，单击"暂停"或"停止"按钮。打印过程中禁止单击 I/O 控制面板中的相应控制开关。打印过程中要一直保持"循环阀门"和"净化"按钮开启，以使设备运行中成型缸中的气体循环净化除尘。

6. 打印结束

1）打印结束时记录成型时间，软件自动关闭激光器、循环阀门、净化、保护气和真空。

2）等待成型零件冷却。

3）打开成型缸门，用吸尘器先将门框附近容易弄脏成型零件的地方清理干净，然后清理成型缸与粉缸周围粉尘。升起基板，用毛刷将打印工件附近的金属粉末慢慢扫入收粉槽内，松开基板的固定螺钉，取出基板。基板加上打印好的金属零件比较重，务必采取安全的方式取出基板，避免对人体和设备造成伤害。清理成型缸和粉料缸的金属粉末时，成型缸与粉料缸活塞一定不能上升到调节板下底面处。

4）将剩余可循环利用的金属粉末扫入收粉槽内，其余废料用吸尘器清理，最终需要把所有残留粉末吸干净，把成型缸内所有内壁擦拭干净，必要时使用酒精。

5）打开净化器门，更换净化器过滤棉，仔细清理净化器滤芯。

6）关机步骤：确认激光器已关闭，关闭软件，关闭电脑，待电脑完全关闭之后，关闭钥匙开关。

7. 后处理

在进行后处理的时候一定要注意佩戴口罩、眼罩、手套。

（1）分离

先用线切割设备或者锯子等工具将打印好的零件从基板上分离下来，如图 6-67 所示。

（2）去除支撑

用钳子、锯子等工具将支撑去除，如遇不易去除的实体支撑可借助电动工具去除，如图 6-68 所示。

图 6-67 分离

图 6 – 68　去除支撑

（3）打磨

支撑去除后，用手磨机及砂纸等打磨工具将添加支撑的部位及其他部位打磨光滑，如图 6 – 69 所示。

图 6 – 69　打磨

（4）成品

检验无误后，就完成了消声器侧盖的 3D 打印，如图 6 – 70 所示。

图 6 – 70　消声器侧盖成品

考核评价

考核评价表如表 6-4 所示。

表 6-4 考核评价表

工作任务名称	消声器侧盖逆向设计与 3D 打印						
评价项目	考核内容	考核标准	配分	小组评分	教师评分	企业评分	总评
任务完成情况评定（80 分）	任务分析	正确率为 100%（5 分） 正确率为 80%（4 分） 正确率为 60%（3 分） 正确率 <60%（0 分）	5 分				
	建模	规范、熟练（10 分） 规范、不熟练（5 分） 不规范（0 分）	10 分				
	数据处理	参数设置正确（20 分） 参数设置不正确（0 分）	20 分				
	打印成型	操作规范、熟练（10 分） 操作规范、不熟练（5 分） 操作不规范（0 分）	30 分				
		加工质量符合要求（20 分） 加工质量不符合要求（0 分）					
	后处理	处理方法合理（5 分） 处理方法不合理（0 分）	15 分				
		操作规范、熟练（10 分） 操作规范、不熟练（5 分） 操作不规范（0 分）					
职业素养（20 分）	劳动保护	规范穿戴防护用品	每违反一次扣 5 分，扣完为止				
	纪律	不迟到、不早退、不旷课、不吃喝、不游戏					
	表现	积极、主动、互助、负责、有改进精神等					
	6S 规范	符合 6S 管理要求					
总分							
学生签名		教师签名			日期		

自主学习

完成如图 6-71 所示的叶片逆向模型重建，应用 SLM 3D 打印技术进行加工。

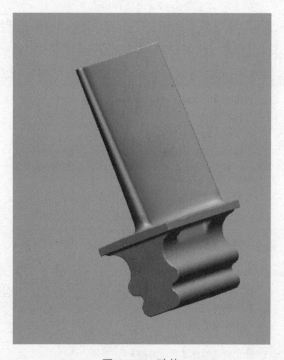

图 6-71　叶片

参 考 文 献

[1] 杨晓雪，闫学文. Geomagic Design X 三维建模案例教程 [M]. 北京：机械工业出版社，2016.

[2] 纪红. 逆向工程与 3D 打印技术 [M]. 北京：机械工业出版社，2020.

[3] 王运赣，王宣. 3D 打印技术 [M]. 武汉：华中科技大学出版社，2014.

[4] 赵文宽. 基于 LCD 技术的光固化 3D 打印系统关键技术研究 [D]. 郑州：河南工业大学，2023.

[5] 嵇萍，刘泗. 桌面级塑料 3D 打印机的发展现状 [J]. 科技资讯，2021，19（22）：65 – 68.

[6] 陈韵律，安芬菊，廖小龙，等. 基于 LCD 屏的光固化 3D 打印机设计 [J]. 机电工程技术，2020，49（12）：57 – 58 + 164.

项目编辑：赵　岩
策划编辑：张　瑾
执行编辑：蔡丽丽

北京理工大学出版社
BEIJING INSTITUTE OF TECHNOLOGY PRESS

出版发行 / 北京理工大学出版社有限责任公司
社　　址 / 北京市丰台区四合庄路 6 号
邮　　编 / 100070
电　　话 / （010）68914026（教材售后服务热线）
　　　　　（010）63726648（课件资源服务热线）
网　　址 / http：//www.bitpress.com.cn

ISBN 978-7-5763-3634-4

定价：79.00 元